まもろう
愛しのまちを

LNG火力発電所計画撤回の歩み

清水まちづくり市民の会

まもろう愛しのまちを

ＬＮＧ火力発電所計画撤回の歩み

清水まちづくり市民の会

まえがき

東燃ゼネラル石油株式会社（以下、事業者と略記）は「清水天然ガス発電所建設計画　計画段階環境配慮書」を2015年1月付で電力事業の主務大臣である経済産業大臣および建設地の行政権者である静岡県知事に提出した。以後、環境影響評価法の手続きに従って、「環境影響評価方法書」を作成、公表した。しかし、「環境影響評価準備書」を公表する直前（2018年3月）に「地域の理解が得られなかった」としてこの計画を取り下げた。

我が国では古くから、近江商人の「三方よし」が企業倫理として知られている。「売り手よし」「買い手よし」だけでなく、「世間よし」でその企業の評判が周囲に、また後々まで伝わっていく。「企業は社会の公器でなければならない」と経営の神様と尊崇される故・松下幸之助氏は述べている。しかし、今回の事業計画公表から取り下げまでの3年3カ月の間、事業者は「世間よし」を忘れ、市民、住民の存在を全く意に介さなかった。また「事業の実施に際しては、環境保全に配慮し、現在・将来の国民の健康で文化的な生活の確保に資する」という環境影響評価法の主旨を全く顧みなかった。

計画途中で事業者はJXホールディングス株式会社と合併した。合併後の企業が企業倫理に照らして再検討し、「世界で類のない異常な計画である」と良識的判断をして、取り下げたと考えるべきであろうが、詳細について説明はない。これまでの3年間にわたる手続きの詳細は本書に記すが、このような法の無視、そして地域住民への不誠実な対応が火力発電所に限らず今後の諸種事業の開発時において前例とされるならば、我が国の市民生活、安心・安全な社会の危機となりかねない。

火発計画が公表されると、それに市民として直観的に懸念を感じ、計画内容を正しく知らなくてはならないと地域住民有志が三々五々集まった。それぞれ時期、目的を異にして六つの団体（ＬＮＧ火力発電所建設を考える協議会、ＬＮＧ火力発電所に反対する住民の会、清水の将来を考える会、マークス・ザ・タワー清水・東燃ガス火力発電所建設に反対する住民の会、清水火力発電所から子どもを守るｍａｍａの会、清水の環境を考える女性の会）が活動し、６団体はそれぞれの活動を維持しながら、情報交換し活動に協力し合った。２０１６年10月には6団体で構成する「清水ＬＮＧ発電所問題・連絡会」が発足した。

参集したのは、孫たちの将来を心配するおばあさん、酒屋のおじさん、お菓子屋のおばさん、教会の牧師夫妻、若いお母さん、定年になった会社員、大学教授、弁護士、県・市議会議員、経営者、労働組合員、マンションの住民などだった。各自が特徴を生かして、学習会、シンポジウム、事業者・行政との対話、県・市議会への請願、住民意向調査、デモ、戸別・街頭署名、チラシ配布、マスコミを通じての一般市民への啓発に取り組んだ。言わば、素人集団による手探りの市民運動であった。

かつて、清水区（旧清水市）では2回、企業による大きな事業計画があった。一つは、１９７２年～東燃石油ゼネラル㈱石油精製工場増設計画。もう一つは、１９９０年～中部電力㈱石炭火力発電所建設計画である。計画はいずれも市民による公害反対運動により撤回された。

これらの運動では、清水区西久保の内科医師・乾達先生の存在を忘れることはできない。

乾先生は「子どもたちの未来のために、かけがえのない地球の環境を守ることは私たち市民一人一人の責任です。私たちが住むそれぞれの地域、自分の街や村で一つ一つの公害の発生源、環境破壊の原因、守り受け継いでいくべき森や水辺について関心を持ち、環境を守るための行動に立ち上がることです。自然を愛する個人やグループの小さな努力の積み重ねが一番大切です。思想や宗教、立場の違いを超え、みんなで知恵を出し合い、手を握り合って、子どもたちの未来のために、清水を青い空と海、緑豊かな暮らしやすい街にしていきましょう」と訴え続けた。

地域の生活、安全そして子どもたちの将来を守ることは理屈ではない。市民、住民の直観、常識から生まれ、形成され、育て上げるものである。今回の運動を支えたのも住民の直観的、常識的疑問、懸念であった。

乾先生を中心として公害反対運動をやり遂げた市民によって、『みんなが主役で火力を止めた』（石炭火力発電所に反対する清水市民協議会）が１９９３年に出版された。この記録は私たちの教科書となった。時に勇気をもらい、時に指針となって、計画撤回に至るまでの歩みを支えてくれた。これに倣い、手探りの市民運動の全てを記録することが、未来に向けて必要であると考えた。それが本書をまとめた目的である。

今、地方自治のあり方が問われている。市民不在で市や街の現状、将来計画が進められている。政治の責任でもあるが、政治、行政、財界任せの住民に多くの問題がある。静岡市で生じた問題に対して、市民はどのように行動したかを紹介し、市民活動への教訓となることを願っている。

目次

まえがき

第一部　火力発電所建設計画反対運動の概要　11

第一章　火力発電所計画の概要　12

第二章　計画に不安を感じて市民が集まった　17

第三章　私たちが計画に反対した理由　20

(1) 人口集中域　20
(2) 世界で例のない巨大火力発電　20
(3) 地震・津波による二次災害　20
(4) 大気汚染　21
(5) 地元の経済に寄与しない　21
(6) 景観破壊　22
(7) 環境影響評価法の軽視　22
(8) 非中立的な行政　22
(9) 非合理性、非科学性　23
(10) 信頼できない杜撰な建設計画　23

第四章　火力発電所建設の信頼性　24

一　建設計画の杜撰さと無責任さ　24
(1) 出力の問題　24
(2) 配電の問題　25
(3) 冷却水の問題　25
(4) 生活・安全の問題　25
(5) 環境影響評価の問題　25
二　地域経済への波及効果　25
三　住民の安心・安全な生活環境　27
(1) 目に見えない蓄積型公害　28
(2) 自然災害に伴う人為的二次災害　30
四　危険なＬＮＧ発電　30

第五章　地域環境への影響　33

一　環境影響評価法に従っていない　34
(1) 法の主旨を理解していない　34

(2) 配慮書の意義を認識していない 36
二 住民の安全を忘れた環境影響評価 38
(1) 二次災害への責任 38
(2) 安全で健康な日常生活 38
三 地球温暖化で隠された地域環境 39
(1) 温室効果ガス 39
(2) CO_2発生責任 40
四 合理性、科学性のない環境調査 41

第二部 運動の記録 49

第一章 計画に対する関係者の対応 50
一 計画実施当事者 50
(1) 事業者 50
(2) 環境影響評価コンサルタント 52
二 行政 54
(1) 国 54
(2) 県 56
(3) 市 58
三 環境影響評価審査会 62
四 議会 63
(1) 市議会 63
(2) 県議会 64
(3) 議員の活動 65
五 自治会 84
六 メディア 86
七 その他 87

第二章 私たちの運動 88
一 市民運動とは何か 88
二 事業者との直接対話 90
(1) 事業者に質問する会 90
(2) 事業者と反対住民の言い分を聞く会 91
三 情報の共有と研修 91
(1) 地域学習会 91
(2) 共塾（ともじゅく） 93
四 市民に呼び掛ける 94
(1) 抗議行動 94
(2) チラシの配布 94

(3) 街宣車で呼び掛け 96
(4) 写真展とシール投票、 96
(5) ブログを発信 98
五 請願・署名活動 100
六 住民意向調査 104
七 議員アンケート調査 106
八 ウメノキゴケで環境調査 107
九 市民の啓発 109
(1) 講演会 109
(2) セミナー 114
(3) 意見広告 115
(4) 新聞評論 116
(5) 冊子を頒布 116
(6) 新聞に投稿 119
(7) 記者会見 120
(8) 火力反対の歌「まもれ愛しい清水」 121
(9) 若者の参加 121
十 行政との対話 122
(1) 市民の安全に関する意見交換会 122
(2) 公聴会に関する意見交換会 123
十一 情報公開請求 124
第三章 運動に参加した市民の思い 127
第四章 運動を牽引したリーダーたちの回顧 164
第五章 運動のまとめと街の将来 181
一 運動を振り返って 181
二 なぜ住民運動が必要だったか 183
三 運動の目的は達したか 185
四 街の将来を願って 186
あとがき 189
年表 192
注釈 199
参考文献 201
編集後記 204

資料（別添CDRに収録）

一　公開質問状
(1)　事業者への公開質問状
(2)　市長への公開質問状
(3)　市長への公開質問状の回答
(4)　市長への再度の公開質問状とその回答
二　「私たちの見解」
三　「不都合な真実」
四　「東燃LNG火力発電は危険すぎる！」
五　環境影響評価の手続き
六　市議会運営への要望
七　公聴会資料
(1)　第一回意見交換会記録
(2)　第四回意見交換会記録
(3)　第五回意見交換会記録
八　ウメノキゴケ調査結果
九　市議会議員アンケート
(1)　第一回調査
(2)　第二回調査
十　県知事立候補者アンケート
十一　衆議院立候補者アンケート
十二　街頭署名・ビラ配布・シール投票
十三　デモ行進
十四　関係機関への依頼文
(1)　県知事へのお願い
(2)　県からの回答
(3)　国交省へのお願い
(4)　ゲンティン香港社へのお願い（英文）
(5)　ストックトン市へのお願い（英文）
(6)　クリスタルクルーズ社へのお願い（英文）
十五　住民投票
①　意見広告
②　住民投票の意義
十六　補充図
①　図1・3・1の拡大図
②　図2・2・15の拡大図
③　図2・2・16の拡大図

第一部　火力発電所建設計画反対運動の概要

第一章　火力発電所計画の概要

東燃ゼネラル石油株式会社（事業者）は本発電所建設計画に際して、環境影響評価法で定められている手続きに従って「清水天然ガス発電所（仮称）建設計画　計画段階環境配慮書」（配慮書と略す：参考文献1・1・1）を2015年1月付で電力事業の主務大臣である経済産業大臣および静岡県知事に提出した。その中で以下のように記述している。（環境影響評価法に関しては資料五に詳述する）

****

本計画は、当社の清水油槽所内（静岡県静岡市）に、発電効率の高い最新鋭ガスタービン複合発電設備（最大200万kw）を設置し、運営する（図1・1・1）。

（中略）同油槽所は、清水港および当社が出資する清水エル・エヌ・ジー株式会社の袖師基地に

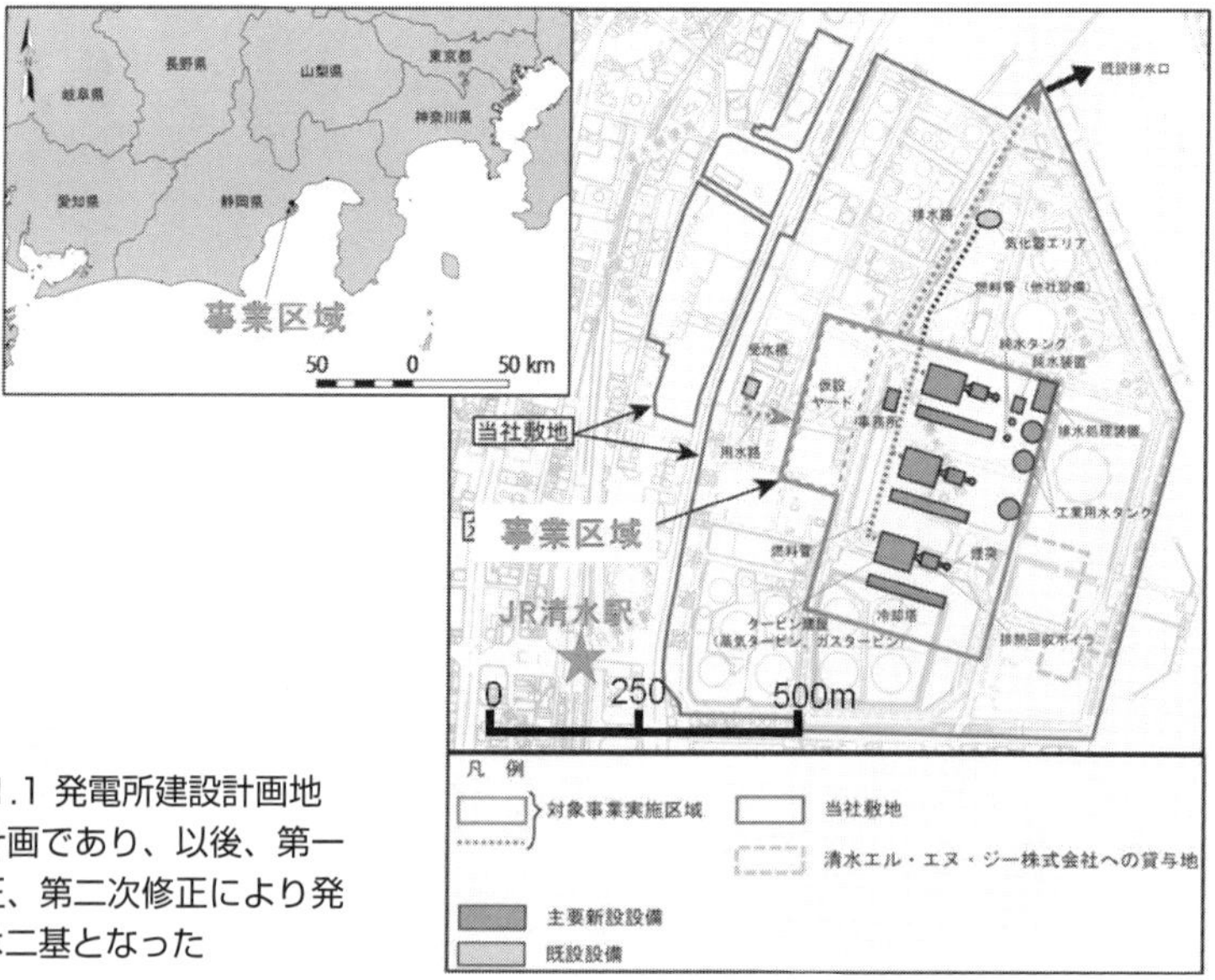

図 1.1.1 発電所建設計画地
当初計画であり、以後、第一次修正、第二次修正により発電機は二基となった

隣接し、液化天然ガスの調達が可能な場所であると同時に、東日本地域（50Hz）・西日本地域（60Hz）の両方に送電可能な場所に位置している。この有利な既存インフラおよび戦略的な立地を活かし、高率的かつクリーンな天然ガス発電設備を設置することで、今後も長期にわたり清水地域に根を張り同地域の経済発展に貢献しつつ、低廉で環境負荷が少ない電力を広い範囲の需要家の皆様に安定供給していく。

なお、当社は、安全・健康・環境の3つを、事業を継続し社会の発展に寄与し続けるための大前提と考えている。本計画においても、この方針に基づき活動していく。（後略）

****

本事業により生成される発電量のうち、2％は発電所内で消費し、他の98％を首都圏、関西圏への供給に回すことを予定していた（図1・1・2）。

事業者から提出された「配慮書」は環境影響評価法が定める手順（図1・1・3）に従って、以下のように審査された。まず、静岡市の環境影響評価専門家会議（後の環境影響評価審査会）が「配慮書」の内容を検討し、その結果を静岡市長に答申した。市長はこの答申に基づく「静岡市長意見」を静岡県知事に送付した。静岡県環境影響評価審査会はこの市長意見を考慮して「配慮書」の内容を検討し、その結果を知事に答申した。知事はこの答申に基づく「静岡県知事意見」を本件の主務大臣である経済産業大臣に送付した。経済産業省（以後、経産省と略記）環境審査顧問会はこの「静岡県知事意見」、環境大臣意見および住民意見を考慮して「経産大臣意見」を事業者に送付した。

次いで、この「経産大臣意見」を考慮して事業者は図1・1・3の手順に従って、「清水天然ガス発電所（仮称）建設計画　環境影響評価方法書」（方法書と略す：参考文献1・1・2）を2015年8月付で経産大臣、静岡県知事および静岡市長に提出した。

なお、東燃ゼネラル石油株式会社は清水建設株式会社、静岡ガス株式会社と共に2015年10

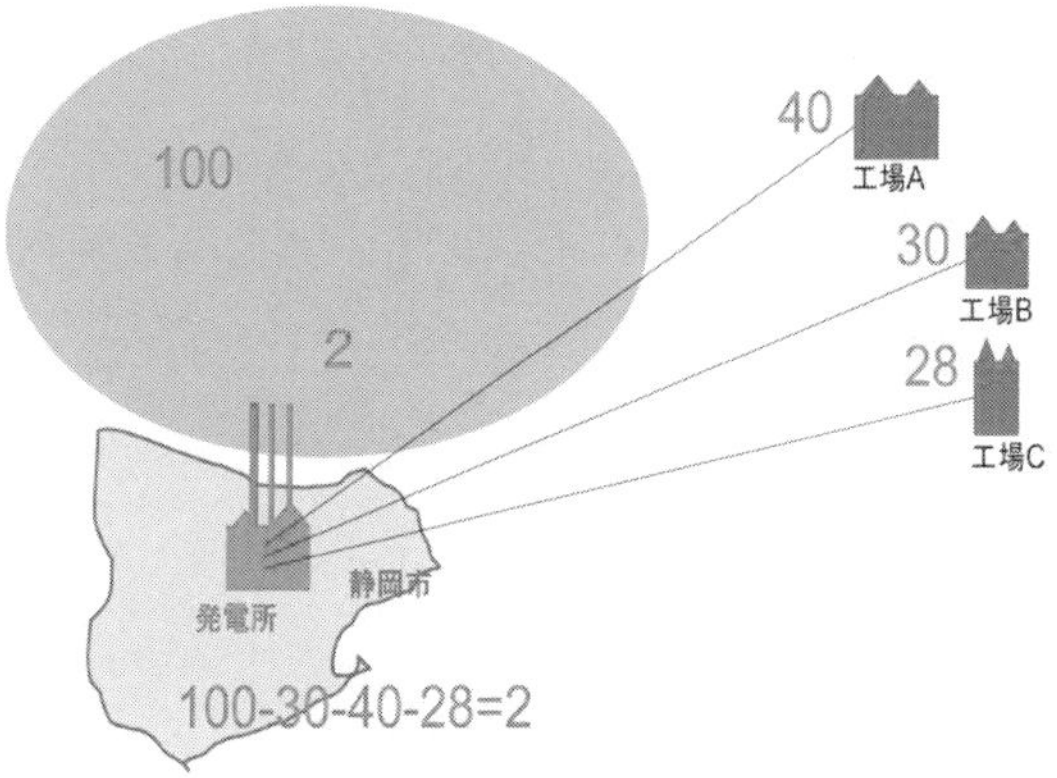

図 1.1.2 発電量の配分予定
首都圏、関西地域に98%を配分し、残りの2%を発電所の稼働に用いる

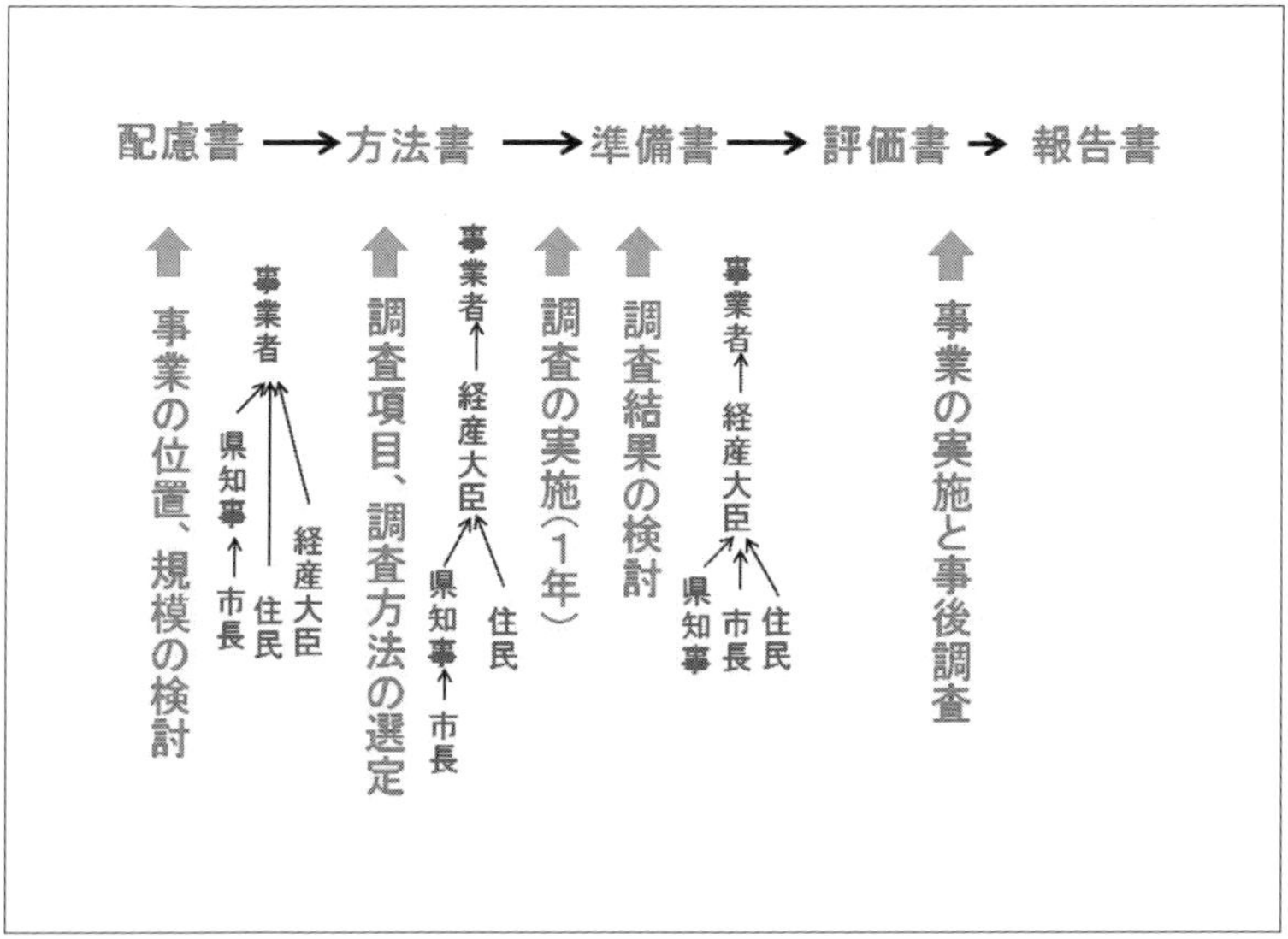

図 1.1.3 環境影響評価（環境アセス）手続き

月に「清水天然ガス発電合同会社」を設立し、２０１５年1月に公表された事業計画はそのまま同社により引き継がれて進められることになった。

「方法書」では、調査検討すべき項目を「経産大臣意見」に従って当初の2項目（2点）から14項目（29点）に増やしている。しかし、参考（標準）項目（第五章一⑴②を参照）に挙げられていない本事業の特殊性に関わる項目（例えば、膨大なCO_2の大気放出、想定される南海トラフ巨大地震時における巨大な発電所による二次災害など）は選定されていない。

また、「方法書」では、事業性の観点から発電規模を当初の２００万ｋｗ（発電機３基）から１７０万ｋｗ（３基）に縮小するとしている（第一次修正）。さらに、新聞紙上（静岡新聞２０１６年8月26日）で、「3基を一気に目指すよりは2基体制で進めていくことが会社にとって望ましい」として発電規模を１１０万ｋｗ（２基体制）に縮小すると発表した（第二次修正）。

東燃ゼネラル石油株式会社は２０１７年４月にＪＸホールディングス株式会社と統合し、ＪＸＴＧエネルギー株式会社となり、「清水天然ガス発電合同会社」はＪＸＴＧエネルギー株式会社の傘下となった。

２０１８年3月27日、ＪＸＴＧエネルギー株式会社は、本事業の中止と「清水天然ガス発電合同会社」の解散を発表した。ホームページに記された文を以下に抜粋する。

＊＊＊＊＊＊＊＊＊＊＊＊＊＊＊＊＊＊＊＊＊＊＊＊

清水天然ガス発電所（仮称）建設計画について

（前略）合同会社が進めていた環境影響評価準備書の届出は、２０１７年9月に延期を発表しました。以降、本計画の見直しを含め、静岡県・静岡市行政をはじめ地元地域の皆様にご理解をいただくことを最優先に取り組んでまいりました。

しかしながら、本計画の見直しには、さらなる時間を要することから、今般、事業性の確保が困難と判断し、合同会社を通じた環境影響評価手続きの中止と同社の解散に向けた手続きを進めることとしましたので、お知らせいたします。

****

しかし、本事業計画は法律（環境影響評価法）に基づいて申請されたことを考えると、法律に基づいて中止が公表されねばならないが、前記ホームページ上での発表が全てである。ホームページは会社の情報提供の場であり、公（法的）の文書でない。特に、この文章には記載責任者（社長）の記名もない。事業者は中止を決めた前記ホームページのコピーを届けただけである。事業中止の公告はＪＸＴＧエネルギー株式会社でなく事業主体である「清水天然ガス発電合同会社」の社長名（尾崎雅規）でなされねばならない。しかし、既に、計画を進めてきた「清水天然ガス発電合同会社」は解散しており、前記の手続きをする手段はない。事業中止の正式発表は不可能となっている。事業計画の中止に関する事業者の手続きは未だ完了していない（注１）。

第二章　計画に不安を感じて市民が集まった

発電所建設の計画を耳にし、直観的に市民生活への懸念を感じ、計画内容を知らねばならないと地域住民の有志が三々五々集まった。それぞれ時期、目的を異にして六つの団体が活動を始めた。これらの6団体は個々の活動を維持しながら、情報交換と活動への協力を行った。

２０１６年10月に6団体が集まり、「清水ＬＮＧ発電所問題・連絡会」（合同連絡会、月２回開催）を発足させた。各団体の当初の目的は異なり、個別活動も必要であること、多くの団体が活動していると対外的に示すことも有効と考えたことから「連絡会」の名称が決まった。各団体の発足の経緯、目的は以下の通りである。

「ＬＮＧ火力発電所建設を考える協議会」（考える協議会）

事業者が２０１５年1月7日に発電所建設計画を発表して1カ月後の2月5日、有志による相談会が開かれた。第3回の相談会（3月10日）で、発電所建設に反対する前に、建設の具体的内容を知らねばならないとして、発足した。

「清水の将来を考える会」（将来を考える会）

清水港、静岡市の今後１００年に大きく影響するＬＮＧ火力発電所建設計画に危機感を覚え、この計画に検討を加え、改めて清水の将来像を探ってみようと２０１５年5月に有志が立ち上げた。

計画地の一帯は静岡市の東の玄関口である。海洋文化都市を標榜し、観光に力点を置く静岡市にとって、イメージを損なうような計画であってはならない。ＪＲ清水駅に隣接するこの地区こそ防災機能を考慮したサッカー場、その他集客力あるスポーツ施設に最適である。

このような清水地域全体に対する多角的観点に立って、一般市民の啓発を目的とした講演会を6回、このほか県内の財界、政界、学界等の有識者による意見交換会を開催した。

「ＬＮＧ火力発電所に反対する住民の会」（住民の会）

南海トラフ巨大地震が予想される中、新たな危険施設の建設は災害リスクが高まること、巨大な発電所であることから大気汚染による人体への影響は避けられないことを知り、40年前の三保火力発電所建設計画で公害反対運動を闘った仲間たちと（本書まえがき参照：参考文献1・2・1）、２０１５年5月に立ち上げた。地元住民を中心に賛同者が増え、「はーとぴあ清水」で定例会を毎月開催した。建設計画の事実を地元住民に知らせることが何より大切であると考えて、勉強会、講演会の開催、チラシの各戸配布、デモ行進、街頭署名、さらに県議会、市議会、県知事、市長への陳情活動を行った。

「清水火力発電所から子どもを守るｍａｍａの会」（ｍａｍａの会）

火力発電所の危険性から子どもたちを守ろうと２０１６年6月に清水区の母親たちが立ち上げた。ｍａｍａの会が懸念したのは、①災害時の子どもたちの命、②日常の子どもたちの健康、③未来の子どもたちの暮らしである。ママ友からママ友へ口コミでメンバーは広がり、１００名を超えた。火発計画地の視察から始まり、勉強会、ネット署名、ブログ・ツイッター、市長・県知事への面談などを行った。

「マークス・ザ・タワー清水・東燃ガス火力発電所建設に反対する住民の会」（マークスの会）

２０１６年5月、近隣にＬＮＧ火力発電所建設計画があることを知り、危機感を持ったマンション住民有志により結成された。マンション住民に対するアンケート調査を行い、東燃および静岡市に提出した。マンション住民を対象とした説明会を東燃に要求し、実施した。子育ての不安を市長に直接訴えた。東燃の株主総会に出席し、発電所建設中止を訴えた。チラシ配布、掲示板への掲示、学習会等を開催した。

「清水の環境を考える女性の会」（女性の会）

この計画による大気汚染、地域住民の安全、景観の破壊に対する懸念を広く市民に知らせなくてはならないと女性10人で2016年9月に結成した。

はーとぴあ清水で写真展を開催し、予想される大気汚染や景観を写真、図表で展示した。その後、清水区生涯学習交流館運営協議会の「事なかれ主義」により、交流館での開催が不許可となり、街頭での展示に切り替えた。街頭署名活動、市議会で建設中止の請願陳述も行った。

第三章　私たちが計画に反対した理由

私たちがこの発電所建設計画に反対した理由を以下に列挙する。詳細は第四章、第五章において記す。

(1)　人口集中域

計画地点は図1・3・1に見られるようにJR清水駅から東側350mの位置である。清水駅には毎日通学、通勤など2万人の乗降客がある。駅に接した西側は清水区の中心商店街であり、また、170世帯の高層住居（マークス・ザ・タワー清水）等がある。

(2)　世界で例のない巨大火力発電

当初、計画された火力発電の出力は200万kwであり、我が国で稼働している火力発電所の上位4％内に位置する。また、浜岡原子力発電所で最大出力の5号機を上回る出力である。後に110万kwに縮小されたが、燃料は安全管理の難しいLNG（液化天然ガス）であり、国内はもとより、世界でも例を見ない人口集中域での稼働が極めて危惧された。

(3)　地震・津波による二次災害

駿河湾では巨大地震が想定され、さらに、この地震による津波の襲来が想定されている。発電所建設計画地周辺はこの津波による浸水危険区域に指定されている。大火力を使用する発電所は地震により破壊され、また、燃料の大量のLNGに引火して周囲に広がる。LNGを積載して入港してきたタンカーは漂流、衝突、転覆により清水港の海面を火の海にし、陸上部へと延焼する恐れがある。東日本大震災において、気仙沼市、市原市などでの内陸部8kmにまで数日間にわたって延焼した大災害を忘れることはできない。

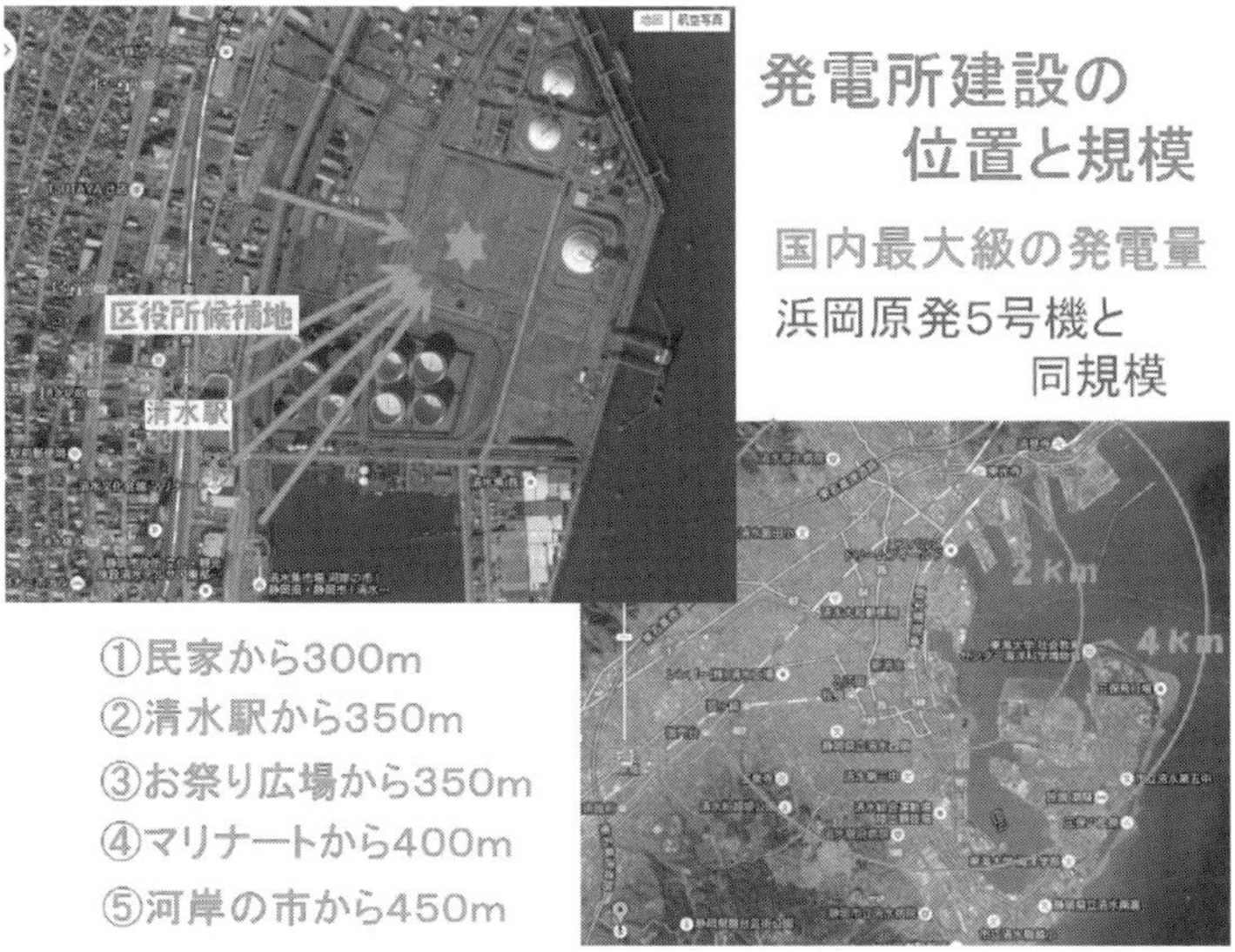

図 1.3.1 建設位置（資料十六①に拡大図）

(4)　大気汚染

火力発電は排ガスを伴う。ＬＮＧを燃料とした場合、粉塵、硫黄分は伴わないとされ、二酸化炭素（CO_2）は石炭に比べて60％ほど少ないといわれる。しかし、前記第2項に示したように発電量が巨大であれば、排出するCO_2の量も莫大なものとなる。地球全体の温暖化だけでなく、身近な環境に大きな影響を与える。人口集中域での排ガスにより、子どもたちは昼夜を通して、ぜんそくに悩まされる。

(5)　地元の経済に寄与しない

第一章に記したように（図1・1・2）、事業者によれば、発電した電力は東京首都圏、関西地域に供給することを目的としている。従って、地元（清水、静岡）には配電されない。燃料購入も含めて地元との主要取引は発生しない。発電所の稼働のための雇用は30人ほどにすぎない。さらに、発電には専門知識を必要とし、地元での雇用は皆無であろう。発電所稼働による税収益は国からの交付金の減少で打ち消されてしまう。

発電所稼働の危険性に基づく負の経済波及効果、例えば、地価の低下、観光客の減少、周辺商店街の利用低迷、地域住民の健康被害に対する補償等は正の波及効果以上であろう。

(6)　景観破壊

静岡県、静岡市は清水港を流通・運輸だけでなく、市民の親水、賑わいの場に転換する計画を進めている。港の市民化は国の方針でもある。

現在、清水港の岸壁沿いは工場群によって占められている。しかし、これらの工場に煙突はなく、煙を出していない。清水港から見る世界遺産富士山の威容は市民の誇りである。ここに巨大な煙突を備えた大火力の発電所が出現すれば、清水港の景観破壊は明らかである。

行政、民間の努力によって海外からのクルーズ船の寄港が急速に増えている。中部横断自動車道が完成すれば、計画地直近のターミナルには内陸部、日本海側からの多くの観光客が到着するだろう。そこで、まず目に入るのが、火発の大煙突であり、排煙であり、その臭気であったとしたら、観光価値は大きく損なわれてしまう。

(7)　環境影響評価法の軽視

住民の健康、生活の安全を確保するために、新たに事業が計画される場合には、環境影響評価法に従って、事業者は環境影響調査を行い、評価書を作成することが定められている。本計画でも、事業者は「法に従って調査を行う」としているが、事業利益を追うあまり、環境影響評価法の主旨を歪曲し、形式的、非科学的で、杜撰な調査、評価手続きに終始した。

(8)　非中立的な行政

事業計画地は静岡市の行政区域にあり、また計画地が接する清水港は静岡県の管理域である。従って、市、県は行政法上で、また住民の安全を保護するため、計画に対して公正な判断の下で事業者に対応しなくてはならない。

しかし、県は第二部第一章に記すように、その業務を十分に行わず、また市は事業の経済効果を考え、事業者寄りの立場を取った。これを監視すべき県議会、市議会も公正な判断、行動をしたとはいえない。また、国（経済産業省）は、経済、産業を奨励する立場ばかりが際立った。

⑼　非合理性、非科学性

火発計画は、合理性、科学性が極めて疑われた。大気、水域、災害シミュレーション（予測実験）は計画の定量的環境評価を左右する重要な手法である。しかし、静岡市環境影響評価審査会、静岡県環境影響評価審査会は、大気、水域、災害の3部門のいずれにおいても、現地調査の必要性、予測手法の必要性に関して、事業者に具体的に指示していない。これでは予測（シミュレーション）しても、その計算結果を適切に評価することはできない。表面的な審査といわざるを得ない。

⑽　信頼できない杜撰な建設計画

当初発表の発電出力、発電基数、電力供給計画、排ガスの排出機構、発電機の冷却機構など火発計画の基本的な部分を度々変更している。さらに、前項に記したように、環境影響を評価する調査にも合理性、科学性が見られず、事業の計画者として信頼できなかった。

第四章　火力発電所建設の信頼性

私たちがこの火力発電所建設計画に反対した理由は第三章で10項目記した。現在と将来にわたって、住民が健康で文化的な生活を確保するためである。言い換えれば、住民の生命が危険から守られて安心して生活でき、さらに経済的にそれが保障されねばならないからである。それには、建設計画そのものが合理的でなければならない。

一　建設計画の杜撰さと無責任さ

火発計画では、規模、建設位置、そしてＬＮＧを燃料とした火力発電所の危険性など周囲への影響を考慮すれば、立案当初から周囲に対する責任の重大性が十分に認識されていなければならなかった。そして、環境影響の評価はあくまでも客観的でなければならない。そのためには、科学的根拠に基づく定量的な事前調査が必要だった。

しかし、実際は計画を途中で大きく変更し、調査も極めて非科学的で、定量的な信頼性のある議論はなされていない。何よりも第五章で記すように、建設地周囲の市民の存在、生活環境への影響を全く無視した杜撰な、そして無責任な計画であった。

(1)　出力の問題

当初２００万ｋｗとしていた出力を１１０万ｋｗに（第一次縮小計画）、さらに70万ｋｗに減らし（第二次縮小計画）、発電機も３基から２基に変更している。計画の根本的な変更である。しかし、「3基にするよりも2基体制で」と最初から説明しており、いずれ3基の稼働を考えていて、環境影響評価の審査に備えた姑息な対策とも見える。従って、本書では当初計画を対象として論じ、第一次、第二次縮小計画に対しては、その都度第一、二次縮小と付記する。

⑵　配電の問題

当初、発電量は首都圏、関西へ配電し、静岡県下への配電はないとしていた。しかし、静岡県への経済効果を懸念する市民の声が強くなると、県内の電力需要に貢献すると説明を変えた。これも計画の基本的変更である。

⑶　冷却水の問題

当初、発電機の冷却に使用した温水は海域に排出するとしていた。しかし、LNGの気化に用いた低温水を発電機の冷却に循環させる方式に変更するので温水排出は微量であると説明を変えた。その機構変更の具体的説明はない。発電システムの基本的な変更であり、極めて杜撰といえる。

⑷　生活・安全の問題

動物、植物の生息環境保全を調査対象としていながら、直近で生活している住民の生活（安全）は対象外としており、環境影響評価の目的を理解していない。

⑸　環境影響評価の問題

事業地から500mに位置する170世帯のマンションは「点」であり、20km半径の「面」を対象としているので評価対象としての関心がないとしている。環境影響評価の意味を全く理解していない。

二　地域経済への波及効果

経済効果は企業の投資に基づくものである以上、計算上決してマイナスとはならない。企業利益がマイナスとなる事業は成立しないからである。しかし、事業が実施された場合、地元にはプラスだけでなく、マイナスの波及効果、すなわち「失われるもの」「コスト」が当然発生する。プラスの波及効果とコストはきちんと対比しなくてはならない。

清水港に発電所が建設された場合のコストは第

一に、富士山の景観がＬＮＧ火力発電所の巨大な煙突と建物で覆い隠されることによる観光資源としての価値の低下、具体的には、観光客の減少である。清水港に海外から入港する客船の乗客にとって、正面に見える富士山は大きな魅力だが、それが発電所の煙突や建物に隠れ、排ガスだけが吹き寄せるとしたら、誰が観光に訪れるであろうか。また、客船に直接吹き寄せる排ガスを吸うために誰が来るであろうか（資料十四を参照）。さらに、想定される地震津波の二次災害としてＬＮＧ火災に遭遇する危険を冒してまで寄港するであろうか。大きなマイナスの経済波及効果である。

静岡市は発電所が建設された場合のいわゆる「静岡市への経済波及効果」を試算した（参考文献1・4・1）。結果は「波及効果あり」というものであった。しかし、これは発電所建設による利益が全て静岡市の経済に波及するとの誤った想定に基づいている（静岡新聞2016年4月1日、4月17日）。例えば、県内の建設業者にこのような大規模で特殊なＬＮＧ発電所を建設する専門技術はない。建設するのは大手の建設業者であり、県内業者は下請け、孫請け作業であろう。建設にかかる費用の大半は静岡市外の建設業者に支払われるのである。

事業者によれば、この計画による発電量は首都圏、関西地域に供給し、地元（清水、静岡）には配電しないという。従って、地元の電力需要には貢献しない。

さらに、発電所が建設されれば、税収が増えるとしているが、税の増加分は国からの地方交付金の減少で打ち消されてしまうのである。

市は「負の経済効果」についても試算できる立場にあった。一般に、人口集中域に巨大施設、あるいは都市改造が計画されるときには、利用者の動向、例えば、駅の乗降客や商店街の利用者の増減などの聞き取り調査が行われる。そして、それに基づいてシミュレーションが行われ、正負の経済効果が検討される。今回も、市民団体は市および事業者にそれを要求した。しかし、無視され、「負の経済効果ゼロの経済効果」のみを机上の資料で試算し、市議会、新聞などで公表した。これは最も基本的な経済効果の意味を誤解させるものであった。

第二に、人口集中域にLNG火力発電所を建設することによる「近隣住民へのリスク」をコストとして計上せねばならない。火力発電所が自宅の目の前に屹立する街にわざわざ住みたいと思う住民がいるだろうか。地価の低下はもちろん、直近の新築マンションの売り上げを見れば、発電所のある街、清水が人を引きつけるとは思えない。商店街関係者の間で発電所が出来れば人が増える、との考えが蔓延しているが、全くの誤りであろう。

さらに、地域住民の健康被害に対する補償等は全く考慮されていない。

三　住民の安心・安全な生活環境

清水港の周辺は臨海工業地帯に指定されており、多くの工場が個々の敷地内で企業利益を得るために活動している。火力発電所の建設も同様に企業活動である。しかし、火力発電所は火力を必要とし、これに伴って大気中に必ず排ガスを放出する点が大きく異なる。排ガスは事業所の外に拡散し、周囲の環境に変化をもたらす。高温となる発電機を冷却するために用いられた高温水の放出も海域の環境に変化をもたらす。さらに、巨大な発電所の建物、高い煙突の形状は周囲の景観を大きく変える。住民の日常生活の安全・安心も脅かされる（蓄積型公害）。

地震、津波、噴火、台風などの発生は未然に抑えることはできない。自然現象による直接の災害は自然災害（一次災害）と呼ばれる。さらに、これらが引き金となって人為的な二次災害（突発型公害）が生じることを忘れてはならない（図1・4・1）。二次災害を自然災害と同列に扱ってはならない。一次災害を防ぐことは困難であっても、二次災害は人間活動をあらかじめコントロールすることで防ぐことができる。

蓄積型公害、突発型公害のどちらの場合も、工場の敷地内だけでなく、周囲に大きな影響をもたらす。だから、周囲への配慮が特に必要となる。明治期の足尾銅山鉱毒事件、そして、水俣病、四日市ぜんそく、静岡県内では富士の製紙工場群による大気汚染など、これまでに起きた公害を忘れることはできない。過去の経験から、「環境影響評価法」（詳細は資料五）が制定されたのである。私有地内だから何をやってもよいということではない。

突発型公害は日常的には起こらない。一方、蓄積型公害は一日では顕在化しない。これが、周囲の住民を楽観的にし、企業、行政の真剣さを麻痺させている。

(1)　目に見えない蓄積型公害

火発計画は、人口密集地域における我が国最大級の発電量であり、煙突先端でのCO_2濃度は４万ｐｐｍになる。あたかも車の排気筒の前に四六時中拘束された状態となり、人体には厳しい値である。煙突から５００ｍの位置にあり、煙突と同じ高さにある高層住宅（マークス・ザ・タワー

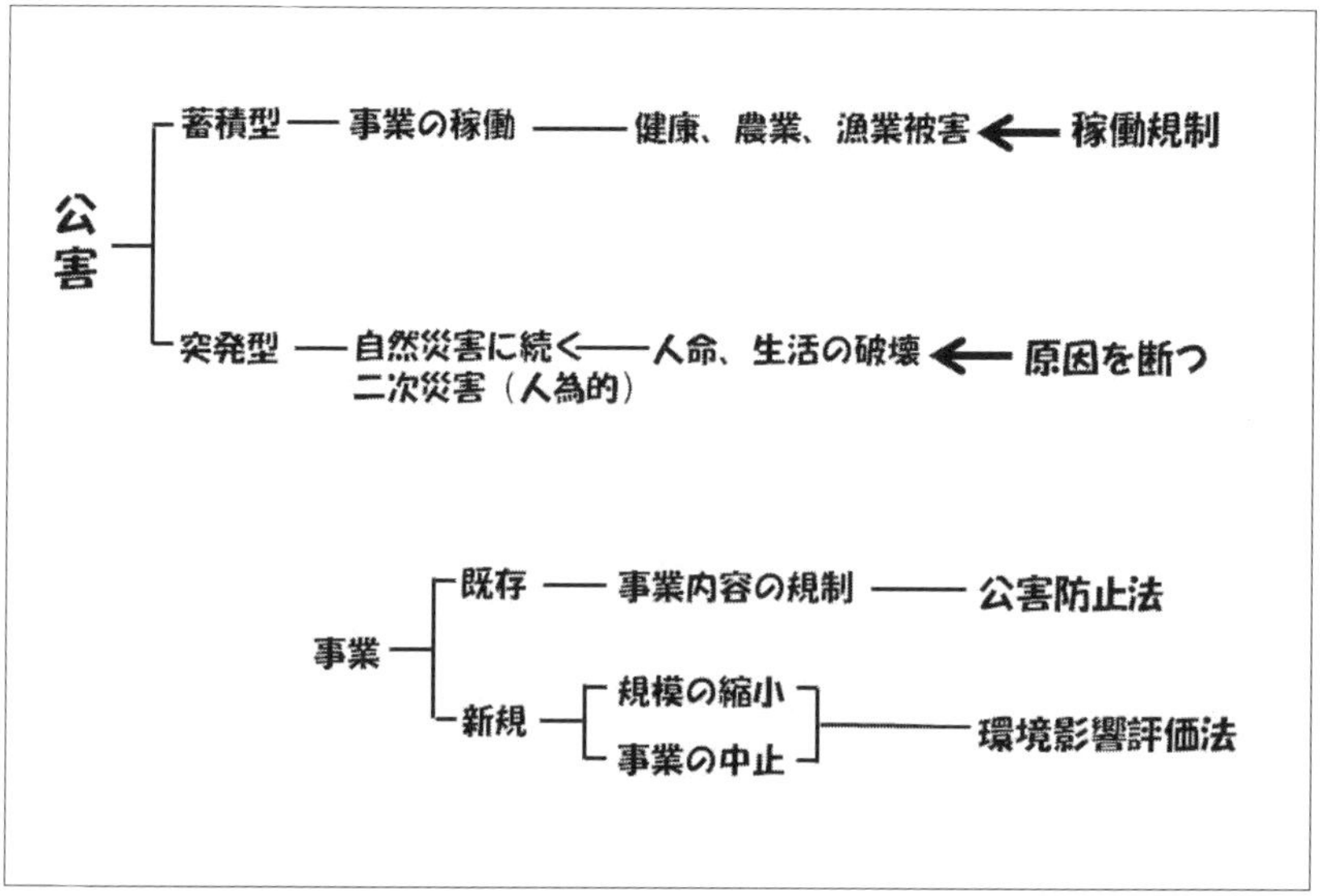

図 1.4.1 自然災害と人為的二次災害

清水）では4千ｐｐｍとなる。居住者は健康を保つことができないだろう（図1・4・2）。子どもたちは昼夜を通して、ぜんそくに悩まされることになる。

窒素酸化物は脱硝装置により7ｐｐｍの濃度に減少して排出されるというが、山に囲まれた清水の街は大気逆転層を生じることが多く、CO_2と共に高濃度の大気汚染を生じ、ぜんそく患者を増やす。

火発計画は、建設位置、規模ともに世界で類を見ないものであり、「想定を超える場合」が懸念された。それにもかかわらず、環境影響評価審査会では、審査項目は「標準」のままとされ、CO_2は対象外とされた（第五章一⑴②を参照）。まさかそのような事態はないと楽観していたのであれば、事業者だけでなく審査会、行政の怠慢といわねばならない（注2）。

四日市公害、富士市の大気汚染を忘れたのであろうか。煙突からの排気は大量であっても大気は一気に危険な濃度とならない。しかし、目に見えない、気が付かない速度で毎日休まず蓄積していくのが蓄積型公害であることを心しなければならない。

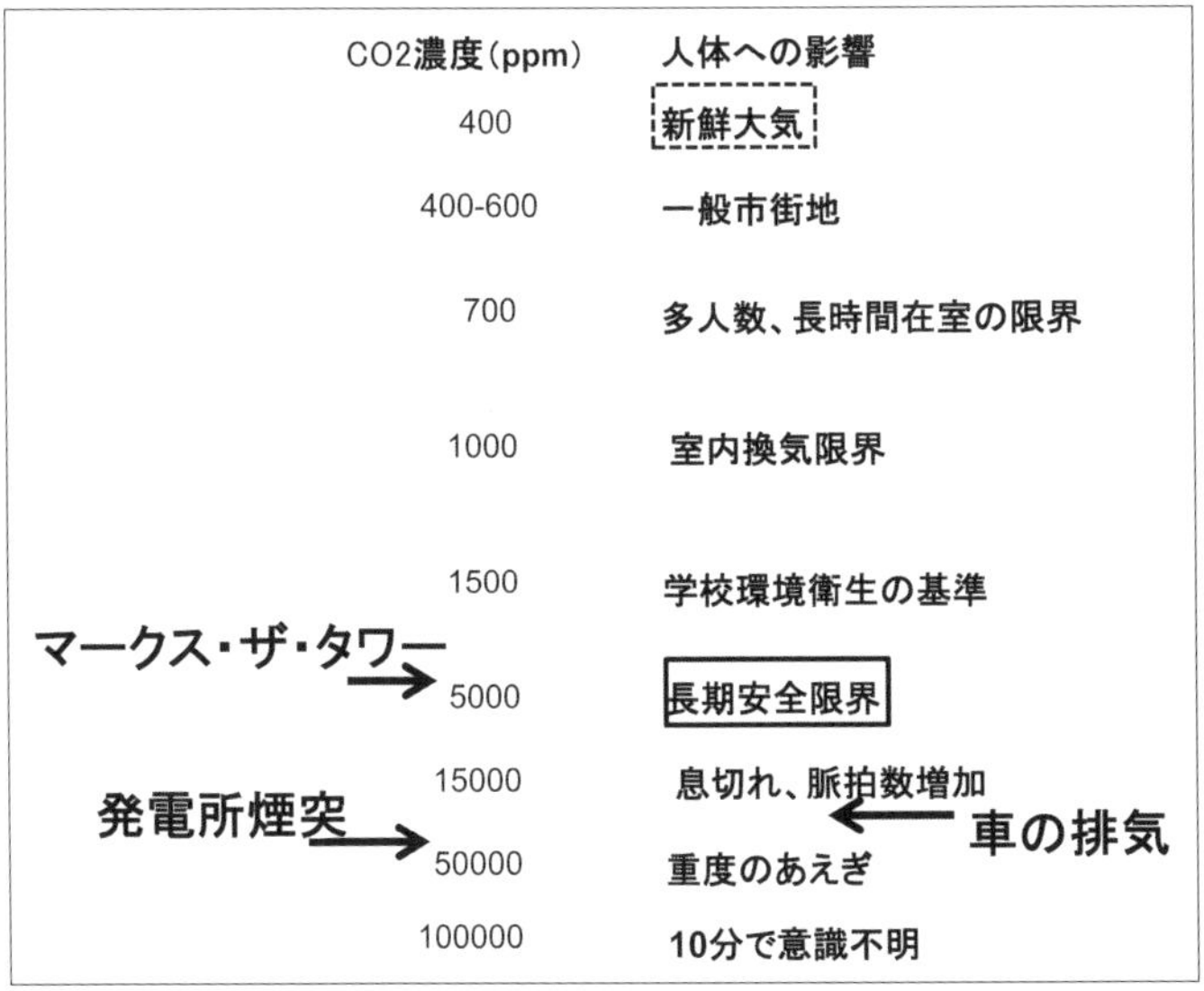

図 1.4.2 大気中のCO_2濃度と人体への影響

(2)　自然災害に伴う人為的二次災害

火発計画では、南海トラフ巨大地震・津波発生時に、人口集中域への巨大な火力による二次災害の発生が考えられる。これに対する事業者の関心は事業地内における火災、地盤の液状化対策という工場の安全維持だけであった。東日本大震災では燃料タンクの破壊による油流出が海域火災を生じ、気仙沼市や市原市では市街地８ｋｍの奥まで10日間にわたって燃え続けた。明らかに人為的二次災害であった。その経験を忘れたのであろうか。人ごとではないのである。南海トラフ巨大地震・津波の発生でＬＮＧタンクが破壊し、また、清水港で漂流、衝突、転覆するタンカーからのＬＮＧ流出がもたらす火災は人口が集中する市街地全域に広がることをなぜ考えようとしないのだろうか。

四　危険なＬＮＧ発電

ＬＮＧとはＬｉｑｕｅｆｉｅｄ　Ｎａｔｕｒａｌ　Ｇａｓ（液化天然ガス）の略であり、メタンを主成分とする天然ガスをマイナス１６２度に冷却して液化させたものである。液化することにより、気体の状態に比べて体積が６００分の１に小さくなるので、大量輸送、貯蔵が可能となる。東南アジア等の産地から専用のＬＮＧタンカーで輸送されてくる。陸揚げされてから海水等で温められてガス体に戻る。用いられた海水は冷却されて海に放出されるので、海域の水温等に影響する。

火発計画での燃料はＬＮＧである。東燃ゼネラル石油株式会社はこの計画地内の清水油槽所に３基のＬＮＧ貯留タンク（合計34万kℓ）を設置している。タンクに貯留されたＬＮＧは隣接する清水エル・エヌ・ジー株式会社の気化施設に送られ、天然ガスとなる。発電所稼働時には現在の貯留量では不足することになり、タンクだけでなく、Ｌ

ＮＧを積載して清水港に入港するタンカーの数もこれまでに比べて倍増する。

液化によって６００分の１に体積が縮小しているということは、ＬＮＧタンクは通常の天然ガス貯蔵タンクの６００倍のエネルギーを内蔵しているということである。１万kℓのＬＮＧのエネルギーは広島原爆の２個分に相当する。ひとたびＬＮＧタンクが破裂して中身が漏れれば、大火災を生じる。ＬＮＧは周囲よりもはるかに低温であるので、急速に気化する。蒸発したＬＮＧの雲は地上または海面を這うように高い濃度のまま四方に広がる、すぐには大気中に上昇しない。高い濃度であるため、周囲の空気と混ざり合うまで着火せず、その間に遠方まで流れ拡がる。こうして広い範囲での大火災が発生することになる（参考文献１・４・２より引用）。

清水港周辺の工場地域には１３０基ほどある燃料タンクの多くは石油類である。ＬＮＧタンクは現在３基であるが、液化されているから、１８００基のガスタンクに相当する。さらにＬＮＧ火力発電所が稼働すればその倍の量となる。すなわち、清水港周辺の燃料タンクは３７００基（現在の30倍）にも増えることになる。東日本大震災では、気仙沼市や市原市の市街地全体が火の海となった。海岸域の多くの燃料タンクが転倒、破壊し、海面に流出した油が広がり、引火したためである。これを思い起こせば、清水港にＬＮＧ火力発電所が建設された場合の火災の危険性は想像を超える。

日本海難防止協会は清水港での津波被害を数値実験（シミュレーション）で推測している。これによれば、津波高さ２・５ｍで、船舶の係留索は切れて船体漂流し、船舶同士の衝突、岸壁への衝突、転覆、陸上への乗り上げを生じるという。その結果は気仙沼などでの惨事の比でないだろう。

小川進・長崎大学教授は、清水港で１隻のＬＮＧタンカー積載量のわずか20分の１（１万kℓ）が漏れた場合をシミュレーションしている。これによれば４ｋｍ半径の範囲は延焼し、６ｋｍ半径の範囲は人が近寄れないという（図１・４・３）。

ＬＮＧそのものの危険性、膨大な火力を扱う発電所の危険性、地震で生じるＬＮＧタンクの破壊による陸上火災の危険性、そしてＬＮＧを輸送するタンカーの清水港内での危険性に対して、事業者は何の説明もしていない。行政も市民の安全・安心に何の対応もしようとしなかった。

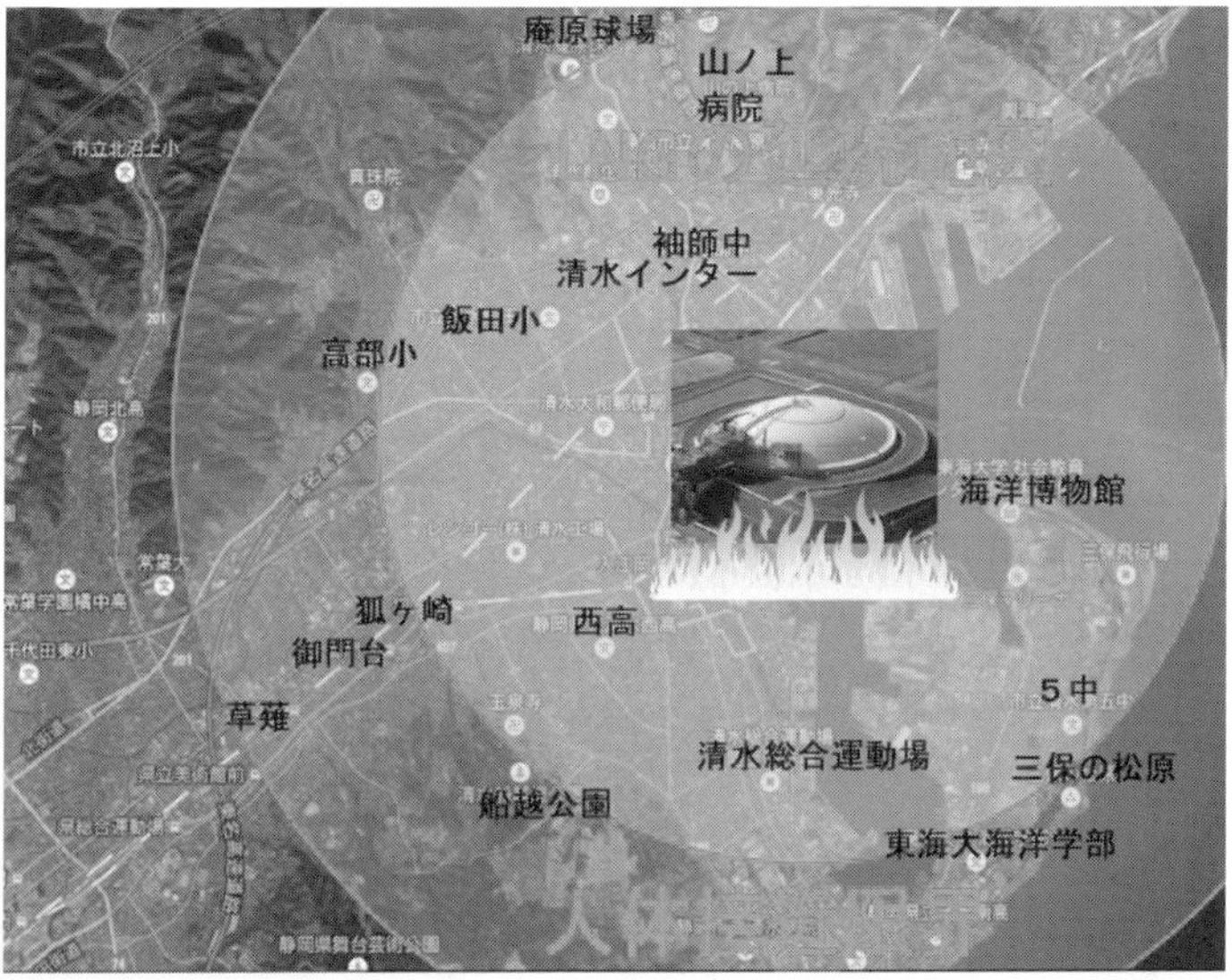

図 1.4.3 清水港内のＬＮＧタンカー火災による清水市街地への延焼

第五章　地域環境への影響

火発建設の事業計画はまず「環境影響評価法」（詳細は資料五）に従って審査される。その後、建築法、消防法、県条例、市条例などによって審査に入る。他の法に先んじて環境影響評価法によって審査されるのは、どのような事業も市民の生命、生活を冒すものであってはならないという考えに基づく。

「環境基本法」にはその制定の主旨が以下のように述べられている。「現在及び将来の国民の健康で文化的な生活の確保に寄与するとともに人類の福祉に貢献することを目的とする」（注3）そして、環境影響評価法では、「事業実施に際しては、環境保全に配慮し、現在・将来の国民の健康で文化的な生活の確保に資する」としている（注4）。残念ながら、この法の主旨は活かされてこなかった。事業計画を正当付けるための隠れ蓑として、また、住民の懸念をガス抜きさせるために利用されてきている場合が多い。それは、以下の点が背景にある。

①　国は、今も殖産興業の立場を取っている。環境保全措置は利益追求を目的とする事業の展開を抑制する場合が多い。外務省、環境省も公正な論評はするが、殖産興業の立場から企業を保護する経産省に抗しない。まさに国は環境影響評価法の主旨はおろか、その存在さえも忘れてしまっているかのようである。

②　事業者の目的は経済的利益である。従って、社会の公器としての自覚に欠け、環境影響は軽視され、環境影響評価法は事業計画を正当化するための隠れ蓑とされる。社会（周囲、環境）を大切にするという企業倫理は働かない。

③　環境影響評価書は事業者が専門コンサルタントに委託して作成する。環境保全の防人であるはずのコンサルタントも委託者の意向に弱い。評価書作成では、第三者として公正な立場にあるべきコンサルタントといえない（参考文献2・1・2）。

④　環境影響を判定する審査会は有識者により構成される。環境は多岐にわたる分野が絡みあって形成されている。しかし、有識者(学識経験者)は自己の専門を超えた境界領域に対しては意見を控える傾向が強い。

⑤　個々の住民が環境影響を受ける当事者であるにもかかわらず、現在の生活に追われ、将来、孫の世代への影響を実感することができない。

これらの諸点が改善されない限り、環境影響評価は事業計画を正当付けるための隠れ蓑と言わざるを得ない。国際的にも国内的にも、環境影響評価法を真に活かした施策が実行されるために、再検討するときにきている。

以下に本事業計画での環境調査の実態を指摘する。

一　環境影響評価法に従っていない

(1)　法の主旨を理解していない

事業者は事業計画を立てるときに環境影響評価法の各条項を確認することはもちろん、改めて環境影響評価法第1条（注4）だけでなく、その基となっている環境基本法第1条（注3）を読み直すべきである。計画書を審査する行政も同様である。そこには法の主旨として、「現在及び将来の国民の健康で文化的な生活の確保に寄与するとともに人類の福祉に貢献することを目的とする」と記されている。事業を開始するときの単なる手続きでないことを認識しなくてはならない。

①　事業者、行政、住民の間の積極的な意思の疎通がなければならない。企業も社会の一員である。人類の福祉への積極的な貢献は企業の目的でなければならない。その目的を達成するには、住民との積極的な意思疎通が第一である。にもかか

わらず、火発計画では、事業者、住民、行政の間の意思疎通が極めて低調で、特に、事業者の住民への対応は秘密主義的でさえあった。この秘密主義的認識が住民の反対運動をつくり出したといえる。

行政の対応も極めて消極的であった。事業者への対応において、環境基本法にのっとった公正さが見られなかった。住民と直に接する市行政は住民に対して環境影響評価の意義の啓蒙を怠り、公正な立場で事業者と住民の間の意思疎通を図る役割を放棄していた（第二部第一章を参照）。

②　環境影響評価項目の意味を理解していない。一般に、事業開発の内容は多方面にわたる。従って、環境影響評価法はこれらに共通した標準的な記述となっており、その調査指針には「標準（参考）」の調査手法、調査項目が例として示されている。しかし、「標準（参考）」とされているように、指針記載の項目だけを調査・評価すればよいのではない。例えば、経済産業省令（発電所アセス省令）には「環境影響評価のための項目の選定に際しては、客観的・科学的に検討することにより、標準的な項目だけでなく、その事業の特異性を考慮して新たな調査項目を選定（追加）する」とされている（注5）。すなわち、事業計画の作成に際しては、標準的な手法を参考にするが、当該事業の特異性を考慮した調査項目を加えねばならない。しかし、多くの場合、この経産省令は意図的に読み落とされている。今回の火発計画では、事業者だけでなく、行政も、計画を審査する環境影響審査会も事業の特異性を考慮せず、指針に挙げられている「標準（参考）項目」以外は対象外としている。

静岡県および静岡市の環境影響評価条例では、「指針」に「安全」の項目を記載していない。東日本大震災以前は繁華な市街地での安全な生活を冒すような災害は静岡県では想定できなかった。これが県行政、市行政が住民の安全を「対象外」とする間違った認識を生んだと思われる（注6）。

しかし、環境行政の先進県である神奈川県、また川崎市、横浜市、名古屋市、千葉市、さいたま市などは「指針」に「安全」項目を明記している（注7～9）。さらに、人々が集う場での安全を保障するために「地域社会（コミュニティー）」の項目を設けている。

(2)　配慮書の意義を認識していない

環境影響評価法は2013年に改正され、「計画段階環境配慮書」の手続きが追加された。「配慮書」とは、計画の最初の段階として建設位置・規模等の妥当性に住民、行政が意見を述べる手続きである（注10）。法が改正されるまでは、事業者が予定した建設位置は既に決定事項とされ、その位置で建設による環境影響をできるだけ抑えるための方法を検討する「環境影響評価方法書」の作成手続きから始まった。計画位置や規模に異議を述べる場がなかったのである。「配慮書」の規定が加わり、環境影響評価法も少しずつ市民のものとなってきたと評価される。

本県では今回の火発計画が配慮書適用の最初のケースだった。しかし、新聞などの報道にもかかわらず、市民だけでなく事業者も行政もほとんどその意義に関心を示していない。本事業に対する配慮書の重要性が十分理解されなかったためであろう。

発電所計画地を含む清水港周辺は2004年以降、行政、企業、市民の総意で「清水港整備計画」が進められてきた地域である。その中で、JR清水駅を中心とする地区は海辺の「交流ゾーン」と位置付けられ、駅を跨いで海までの展望自由通路、お祭り広場、多目的公園、文化会館、勤労福祉センター、親水船溜まり、市民鮮魚市場、遊覧船岸壁などが建設、整備されてきた。かつての殺風景な駅裏が、お年寄りも幼児も集い、またJR清水駅、清水港からの県外・海外の観光客で賑わう場となってきている（図1・5・1）。

一方、既に述べたように、発電所計画では、当初の発電出力は国内の火力発電の上位4％に入る200万kwであった。二度の計画縮小により110万kwとなったが、それでも国内上位6％に入る巨大な発電量である。ちなみに浜岡原発で最大の出力を持つ五号機は１３５万ｋｗ。このような巨大な火力発電所を多くの人の集まる「交流ゾーン」に接して建設しようという、世界で類を見ない異常な計画であった。

しかし、事業者が提出した「配慮書」には、建設予定地は「自社の所有地」、また「工業専用地」であるから問題はないとしていた（注11）。さらに、隣接するＬＮＧ基地からの燃料調達が容易であるとする一方、配慮事項とされている「触れ合いの活動の場」「社会的状況」の項では計画地に隣接しているＪＲ清水駅、お祭り広場、多目的公園、文化会館などには全く触れていない。周囲の住民生活という環境面から見た建設位置、規模の妥当性についての認識からは程遠く、法が改正された主旨を全く理解していなかった。火力発電所建設の最終目的も国民の快適な生活、安全・安心であることを忘れてはならない。さらに、住民の安全を守る行政も、また行政の諮問を受けて計画を審査する「環境影響評価審査会」も、この建設位置、規模に関する審議は全く行っていない。「配慮書」の存在価値、法の改正は全く無意味であったと言わざるを得ない。

図 1.5.1 清水駅東口広場で賑わうマグロ祭り。火力発電所建設地まで 300ｍ

二　住民の安全を忘れた環境影響評価

環境影響評価法の目的は、「国民（住民）の安全な生活」である（注4）。第四章三で記したように、地震、津波、噴火、台風などの自然災害を未然に抑えることはできない。過度の人間活動はこの自然災害をきっかけとして二次災害（突発型公害）を引き起こす（図1・4・1）。人為的な二次災害を自然災害と同列に扱ってはならないのである。二次災害は人間活動をあらかじめコントロールすることで未然に防ぐことができる。一方、日常生活の場においても事業活動による大気汚染、水質汚濁などで住民の安全・安心を脅かす蓄積型公害も起こり得る。これらの突発型、蓄積型公害を抑えるのが環境保全であり、環境影響評価法の役割である。

(1)　二次災害への責任

静岡新聞は社説（2015年9月25日）で以下のように述べている。「東日本大地震後、発電所や石油コンビナートによる災害は想定外でなくなった。自然災害は予測できないが、その二次災害の元となる事業の開発を周辺住民は案じている。今や、どのような開発行為にも安全最優先の視点が欠かせない。事業者は住民の不安に真摯に向き合わねばならない（注12）」。

さらに2018年5月6日の同紙社説では、「静岡市は防災など安全面の審査を『アセス範囲外』との認識を示した（注13）。他の一部政令市等のように項目を加える仕組みも検討すべき」と述べている（一部政令市等とは前項の②に記した県市を指す）。経産省令には例として「標準（参考）」項目が示されているのであって、火発計画に対しては、その特異性を考慮する必要があることを忘れてはならない。

(2)　安全で健康な日常生活

火力発電所による二酸化炭素（CO_2）の排出は地球全体の温暖化とともに、身近な環境にも大きな影響を与える。しかし、CO_2は一般的に日常の話題にならない。それは、CO_2が主要な排出源である火力発電は、通常は海際の埋立地など人家から離れた所に建設されているからである。排出したCO_2は人口の集中するところに達するころには拡散し、人の健康に有害なレベルとして問題にならないのである。

環境影響評価の審査指針（標準項目）では、CO_2は地球温暖化に関する項目として取り上げられているが、上記の理由で大気の項目には挙げられていない。しかし、法令には、想定を超える場合のために、「危険が予想される場合には、必要な審査項目を加える」と付記されているのである（注2）。

三　地球温暖化で隠された地域環境

(1)　温室効果ガス

経産省発電所アセス省令21条第1項第2号の別表第2には環境影響評価の「標準（参考）」対象項目として「温室効果ガス（CO_2）」が挙げられている。環境影響評価法の目的に記されているように（注4）、環境影響評価は事業計画地周辺域を対象としている。すなわち、上記の別表第2に挙げられている項目（参考項目）は、事業計画地周辺の大気質、騒音、底質、動物、景観などローカルな地域環境の保全に関わるものであり、「温室効果ガス」も当然地域環境保全のための項目として記載されていると考えなければならない。しかし、事業者は「温室効果ガス」は地球規模を対象としたものであって地域環境を対象としたものでないと誤解している。事業地周辺はローカルであるが、そのローカルな地域のCO_2が総合されて地球全体の温暖化をつくるのである。地球全体の問題だから地域は関与しないと短絡的に処理してはならない。

火発計画では、巨大な発電量による膨大なCO_2が常時排出されるものの、地球全体に対する温暖化効果は小さいとして評価対象から外された。繰り返すが、地球全体の温暖化は局所的な排出量の総和によるということを認識していない。また、大気質としてのCO_2も、標準項目となっていないことを理由に対象外とされた。いずれも法を誤解、曲解あるいは歪曲し、事業計画を遂行するための極めて短絡的な思考によるものといわざるを得ない。

(2)　CO_2発生責任

地球温暖化を抑えるために、火力発電による電力を利用する事業者はCO_2発生の当事者意識を持つべきという考えから、「発電所から買った（配分された）電気量に相当するCO_2の発生責任を分担する」と法で定められた（発電所が作り出した総電気量を「配分前」、利用者に配分した後で発電所に残っている電気量を「配分後」と呼んでいる）。すなわち、利用者は配分された電気量に相当するCO_2に対して地球温暖化の責任を持つことになる。しかし、発電所は配分した量に責任がなくなるわけではない（注14、図1・1・2）。発電により発生した全てのCO_2（配分前）が発電所周辺に排出され、地域の大気環境を変化させるのであるから、発電所は地域環境に対して全量（配分前）のCO_2に責任を持たねばならないのは自明である。

火力発電所計画では、巨大な発電量により膨大な排ガスが煙突から放出される。この量を加えると静岡市が排出するCO_2の量は現在の1・7倍となる（図1・5・2）。計画では、発電した電気の98％は首都圏、関西へ売電し、2％を発電所用として残すとしている。事業者は、発電所が責任を持つのは配分後の量である2％であり、現在の静岡市の総排出量は1・3％増えるだけであると公表している。しかし、電気を買った首都圏、あるいは関西地域で残りの98％に相当するCO_2が増大するわけでなく、発電所周辺の地域環境保全を分担しているわけでもない。排出する全てのCO_2を発電所周辺住民が直接身に被ることに事業者は目をつぶっている。地球温暖化抑制のための法令を地域環境保全の場に誤用している。法を歪曲して事業者が1・3％と発表して以来、市（行政）、市議会、市民も事業による影響は小さいという認識を持ち続けた。これは、法の誤用を事業者が認めたにもかかわらず、公表していなかったためである。

四　合理性、科学性のない環境調査

環境影響の評価は客観的に行われねばならない。そのためには、合理的、科学的根拠に基づく定量的な事前調査が必要となる。しかし、火発計画では、以下に示すように、極めて科学性が疑われ、定量的な信頼性のある議論はなされていなかった。

① 大気、水域、災害シミュレーション（予測実験）は火発計画の定量的環境評価を左右する極めて重要な位置を占めている。静岡市環境影響評価審査会、静岡県環境影響評価審査会は、これら大気、水域、災害の3部門のいずれにおいても、現地調査の必要性と予測手法に関して、事業者に具体的に指示していない。これでは予測（シミュレーション）を行っても、その計算結果を適切に評価することはできない。表面的でおざなりな審査といわざるを得ない。

図 1.5.2 発電所から排出するCO_2。発電所の稼働により静岡市のCO_2排出量は1.74倍に増大する

② 排ガス源の直近にマークス・ザ・タワー清水などの高層居住建築物が不連続に存在し、人口が集中している。このような局所的3次元の大気空間に対しては数値シミュレーションが不可欠であるが、シミュレーションによる3次元空間分布を示していない（図1・5・3）。

③ シミュレーション結果の信頼性は、同じ計算方法で現状が再現できて初めて担保できる（図1・5・4）。事業者（コンサルタント）は現地調査結果がなくてもシミュレーションは行えるとして、現地調査の実施を拒否している。

市川陽一・龍谷大学教授（本事業計画の審査を行った経産省環境審査顧問会会長）は「住民の方には、数値モデル（数値シミュレーション）に対する過剰な信頼感があります。…数値モデルが万能という考えは危険で、計算結果の検証というステップを踏まねばなりません」と解説している（参考文献1・5・1）。

高層ビルが多い人口集中域での巨大な火力発電所建設は世界で例がない。従って、このような場合のために実験を行うという必要性はこれまでなかった。前もっての実験もなく、実験結果を検証できる現地調査も行わなければ、科学的信頼性は得られない。「数値モデルは万能、すなわち、既往の知見で十分対応できる」として住民に過剰な信頼感を押し付けている。

④ 事業地から500mの地点にあり、煙突と同じ高さのマークス・ザ・タワー清水では170世帯の生活がある。事業者は、マンション住民を目の前にして、20km半径の「面」を対象としているので、マークス・ザ・タワー清水のような「点」は評価対象としての関心がないとして環境影響評価地点とせず、8km遠方の千代田小学校を評価地点とした（図1・5・5）。事業地直近の住民の健康には関心がないということであり、「環境影響評価法」の目的を理解せずに「環境影響評価」を行った。

⑤ 多くの高層立体構造物は、大気をかく乱する。構造物の存在を無視して、地上大気の分布のみを対象としていては、科学性は保てない。

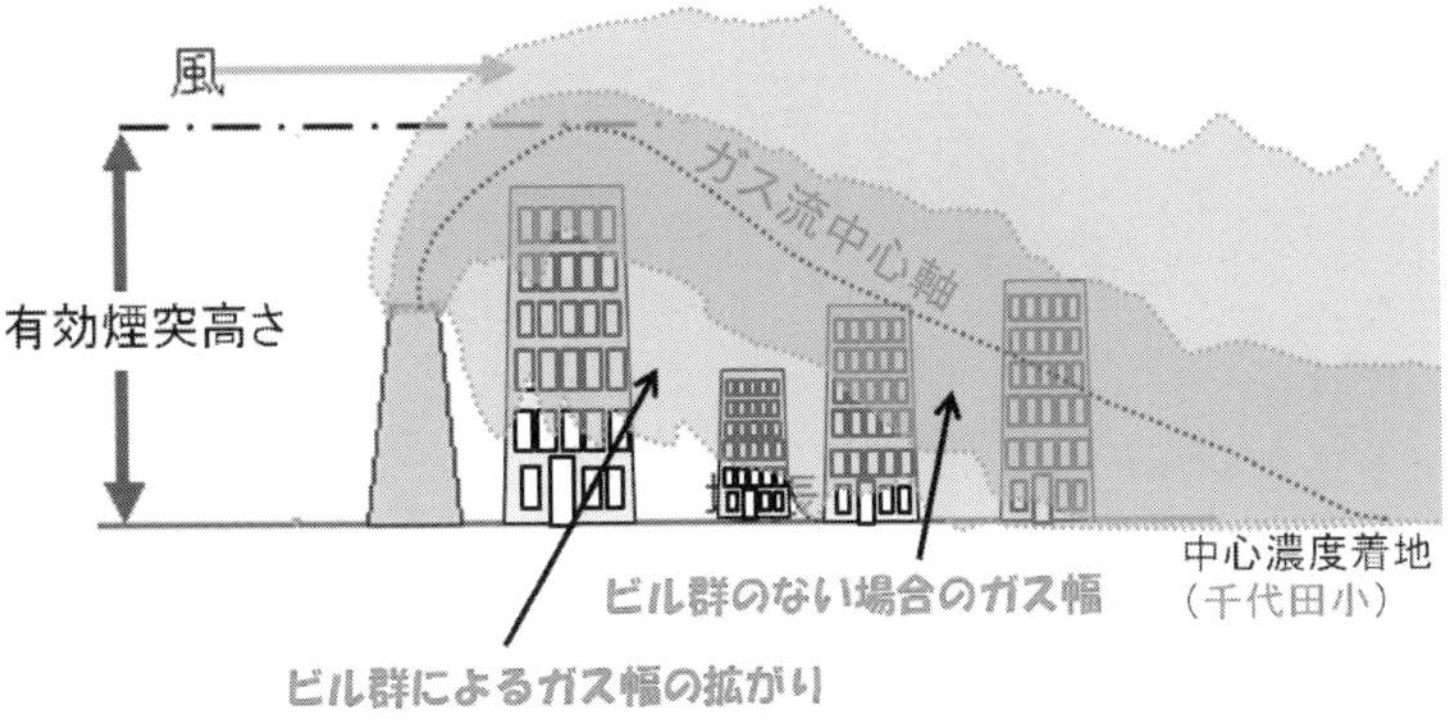

図 1.5.3 発電所煙突からのガス排出経路とビル群

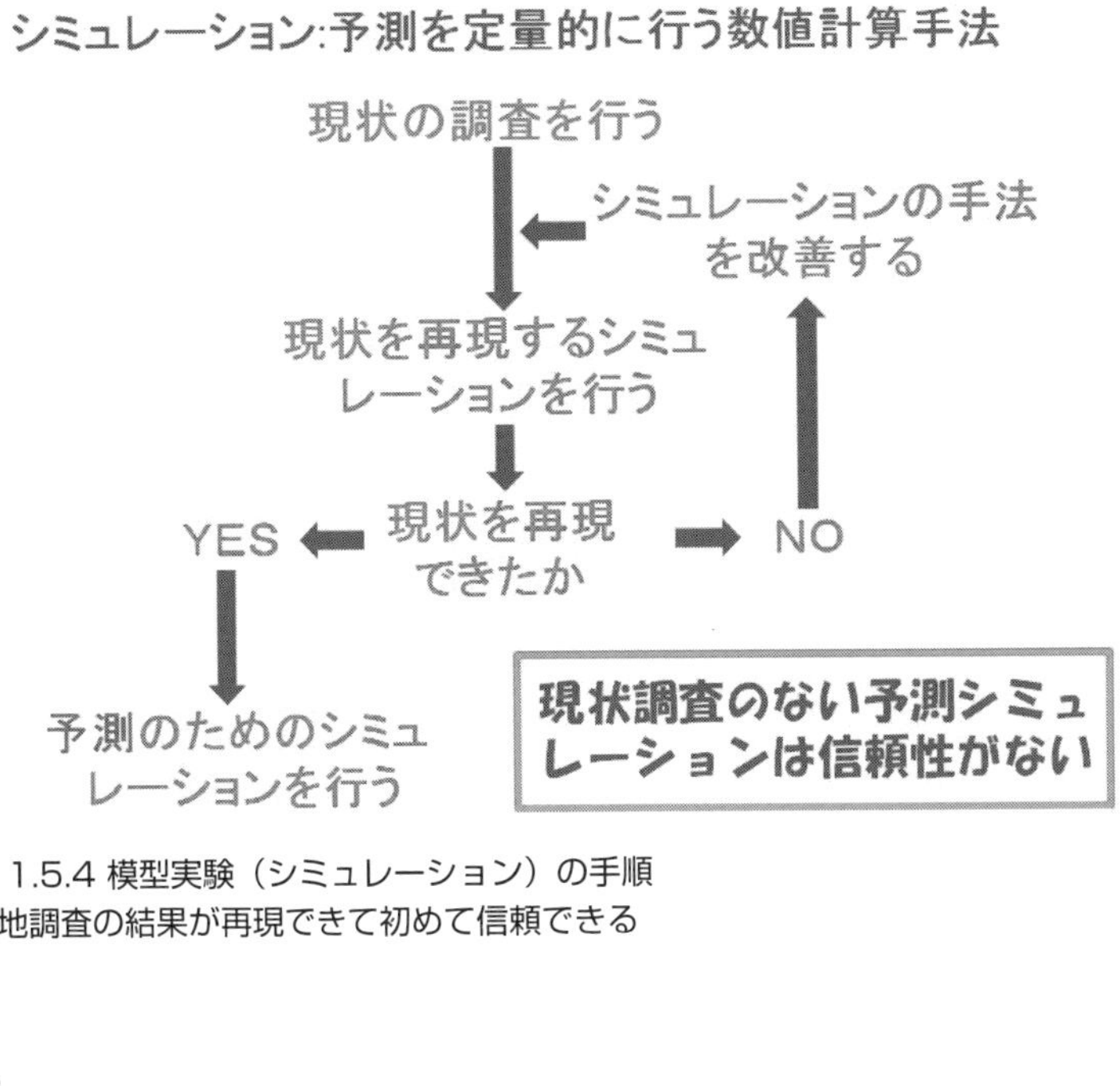

図 1.5.4 模型実験（シミュレーション）の手順
現地調査の結果が再現できて初めて信頼できる

⑥　煙突高さは80mであるが、排ガスの温度による浮力、排ガスに与える上昇速度によって排ガスは300mの高さに達し（有効煙突高さ）、その後、風により横方向に流されるとしている（図1・5・3）。しかし、以下の観察例によれば、稼働時に有効煙突の考えが通用するかどうか疑問である。上昇速度を上げるには運動量を付加せねばならず、企業として不効率となるからである。

例えば、富士市で稼働を始めた日本製紙富士工場の火力発電所では、環境影響評価書において有効煙突高さを135m（煙突高さは100m）としていた。しかし、稼働後の観察では、排ガスはいつも煙突を出てすぐに横方向に流れている（図1・5・6）。既往の多くの火力発電所からの観察においても同様である。

⑦　事業計画地と千代田小学校校庭（地面）の間には多くの高階ビルがある。排ガスの先端（煙軸）が千代田小の校庭に達する前に排ガスは高階ビルを包む。これにより、ガスはかく乱し、ガス体の幅は地上にまで広がる（図1・5・3）。これらは科学以前の常識である。

⑧　方法書の段階では大気環境予測の簡易計算に年平均の統計値を用いるのは環境影響評価での常套手法である。しかし、図1・5・7に見られるように、観測点により風向頻度は大きく異なる。また、月毎の値では北東、南東への風も多く見られる（参考文献1・1・2の200ページ）。このような場合には、平均値だけでなく、いくつかのケースで検討するのが科学的常識である。統計値の持つ意味を理解していない。

計算による最大の排ガス着地点の近くに常設観測点である千代田小が位置していたので、ここを評価地点としているが、これはあまりにも安易である。

南方向は清水港である。従って、清水港の海面に排ガスが溶け込み、水質、底質として蓄積する。また、入港する国際クルーズ船に直接吹き付けることにもなる。

⑨　有効煙突高さに関する情報（煙突内温度、付加運動量などの諸元）は公開されていない。当

① 20kmの範囲全体の“面”を対象としており、高層住宅は“点”に過ぎないので関心がない。
従って、ここでのNO_2などは測定しない。

② 8km遠方の千代田小学校を評価地点としているが、事業地に近い、煙突の高さと同程度のビル群を無視。

③千代田小のグラウンドまでの排 ガスの経路上にある高層ビル群の存在を無視。

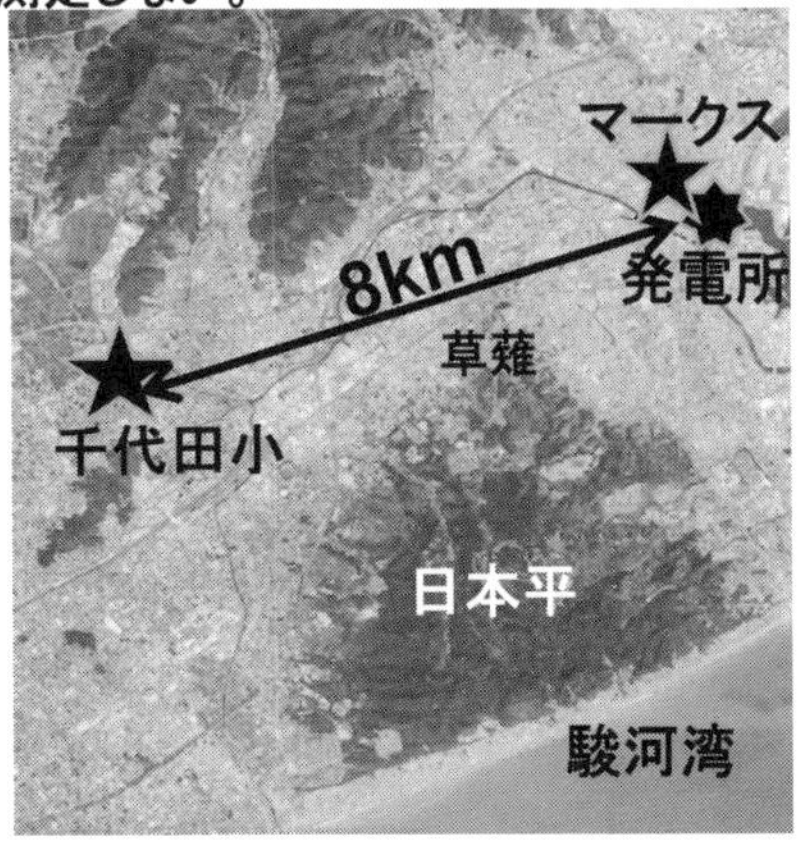

図 1.5.5 シミュレーション結果
計算では、発電所からの排ガスは8km先の千代田小学校の校庭に着地する。発電所から500mのマンション等への影響は無視されている

図 1.5.6 日本製紙富士工場の火力発電所からの排ガス。いずれも有効煙突高さは守られず、煙突上端から水平方向に流れている

初の説明では煙突から出た煙はすぐに拡散すると していたが、市民団体の追及に対して、３００ｍ上空まで上昇してからプルーム状に遠方に達するので、直近の周囲には煙は滞留しないという説明に変えた。有効煙突高さが３００ｍであっても、煙が直近の周囲に降下、滞留するケースが多いことを隠蔽している（図１・５・８）。

⑩　清水港内の津波の振る舞いに関する数値シミュレーションでは、防波堤、津波想定に信頼性のある条件を用いていない。

⑪　清水港への排水拡散では、海水密度が塩分と水温で形成され、季節、海況により密度成層の状況が大きく異なる。これにより排水の分布は大きく異なることを理解していない。

⑫　動物、植物の生息環境保全を調査対象としていながら、直近で生活している住民の生活（安全）は対象外としており、環境影響評価の目的を理解していない。

⑬　配慮書、方法書には「社会的状況」として、配慮すべき施設、交通などの状況を記すことになっている。計画地周辺は定住者だけでなく、一過性、不特定の多数の訪問者（駅の利用者、観光客、祭りや催事場の入場者、買い物客など）で常時賑わっている場であることが記されていない。特に、駅を跨いで海までの展望自由通路、お祭り広場、多目的公園、文化会館、勤労福祉センター、親水船溜まり、市民・観光魚市場、遊覧船岸壁などの記載がない。

⑭　これらの施設等の市民利用に対して本計画がどのように影響するかは現地調査（聞き取りなど）によって評価されねばならない。「社会的状況」を配慮書、方法書の中に記載するのはそのためであることを認識していない。既往の例に倣って、ただ計画書の作成手続きを踏んでいるだけである。

⑮　人口集中域であり、巨大な火力を発するという点で、「世界で類のない異常な」事業計画であるという特異性を全く認識していない。

⑯　評価項目の選定では標準（参考）項目のみを対象とし、「事業の特異性を考慮して項目を加

える」という環境影響評価法の条文の存在を忘れている。

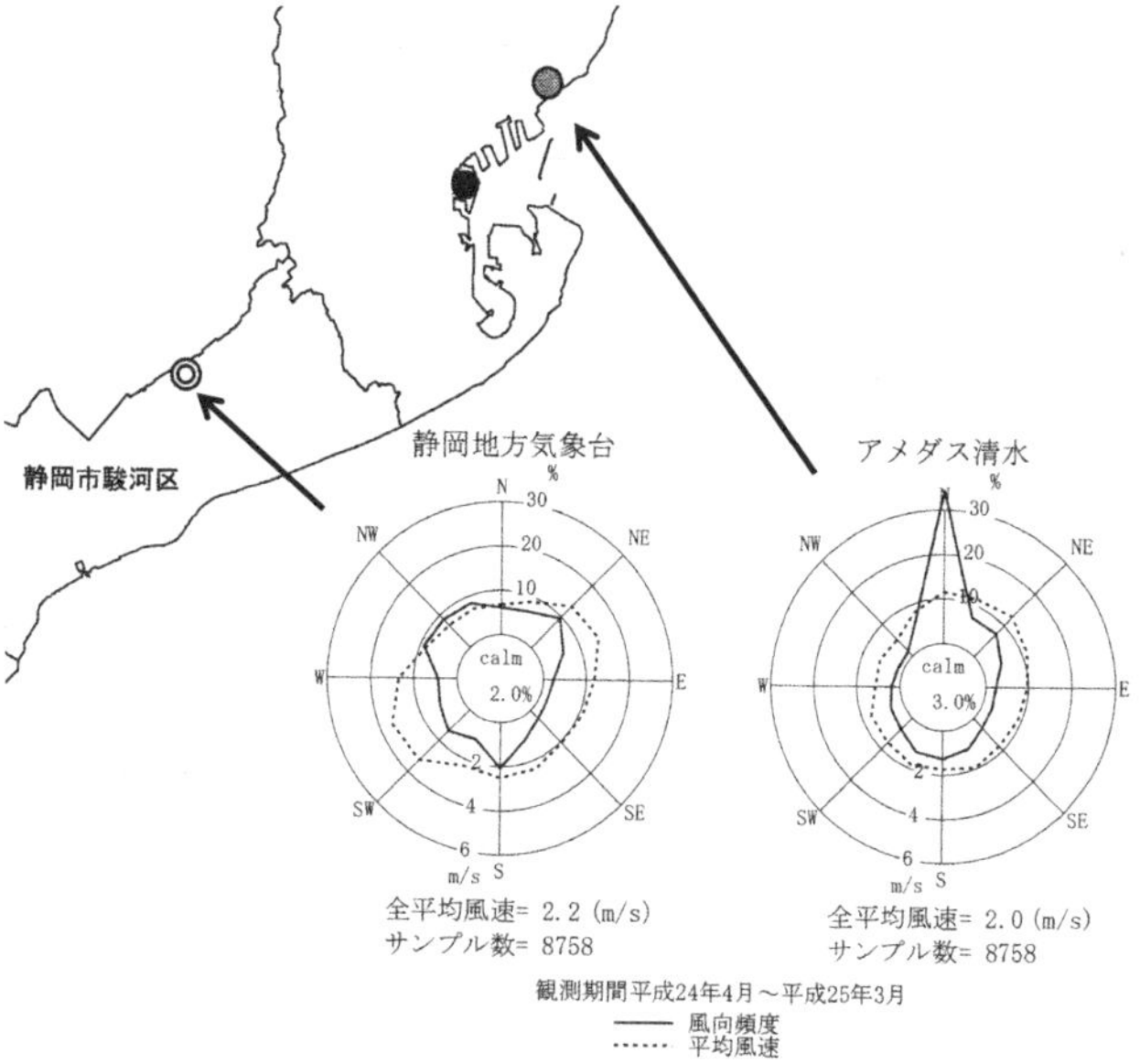

図 1.5.7 風向・風速図（配慮書から転載）

図 1.5.8 無風時の発電所煙突からのガス排出例。周辺地域に広く滞留し、地上に達している

第二部　運動の記録

第一章　計画に対する関係者の対応

一　計画実施当事者

(1)　事業者

ＬＮＧ火力発電所計画では、事業者は「環境影響評価法を遵守し、行政の指導に従い、住民に丁寧に説明する」と言ってきた。しかし、以下に記すように、環境影響評価法の主旨を理解しておらず、法文を歪曲し、法の手続きに従っていない。計画に着手する前に、事業の環境影響とは何か、またその社会的影響(環境倫理)を学んでいなかったと言わねばならない(参考文献2・1・1、2・1・2、2・1・3)。また、計画の一方的な説明に終始し、住民との直接対話の場を拒否し、市民の具体的な質問に応じていない。この秘密主義的立場は環境影響評価法の目的に反し、住民との間の相互理解を自ら拒絶するものであった（注4）。

以下に具体的に列記する。

① 事業者は「住民に丁寧に説明する」としているが、地区自治会の役員だけを集めて説明会を行い、事業計画の実態だけでなく、計画の存在をも住民の目からできる限り遠ざけようとした。

② 「配慮書」「方法書」に対する住民意見の多くに「考慮する」と記すのみで、具体的な回答を示していない。

③ 市民団体による対話集会の開催要求を拒否している。

④ 市民団体による2度にわたる「公開質問状」(資料一(1)）に回答していない。

⑤ 静岡市の全てのゴミは西ヶ谷と沼上の清掃工場で処理されている。この2カ所での排ガスの17倍の量がＪＲ清水駅周辺に排出されることになり（図2・1・1）、静岡市が排出するCO_2の量は現在の1・7倍となる（41頁　図1・5・2）。こうした静岡市、特に清水駅周辺での大気環境の変化を隠蔽している。

⑥「半径20kmの平面域を対象とし、マークス・ザ・タワー清水のような高層住宅は『点』にすぎないので、ここでのNOx等は測定、評価対象としない」と公言した。住民の健康を無視している。

図 2.1.1 発電所からの排ガス量

⑦ 環境影響評価法に義務付けられた調査内容はコンサルタントが作成したが、第一部第五章四の非合理性、非科学性は調査委託者である事業者の責任である。その内容が妥当でないことを理解できないならば、稼働時に事業計画を遂行する能力も疑われる。理解した上であれば、「環境影響評価法」をないがしろにし、法の対象である住民を無視したものであると言わざるを得ない。

⑧ 事業者は、排出するCO_2の量の2%が静岡市に対する責任量であるとした（詳細は第一部第五章三を参照）。これは法を歪曲したものであり、市民だけでなく、行政、市議会、県議会をも篭絡して事業の影響を隠蔽する極めて悪質な対応である（静岡新聞2016年4月5日、注14）。

⑨ 事業者は、火発計画を撤回した理由を「住民の理解が得られず、計画の見直しには時間を要するので」として、これまでの3年間にわたる環境影響評価の内容には一切触れていない。住民への説明に心がけるとしてきた事業者の立場を放棄

したものであり、環境影響評価法の主旨を無視した一方的なものであって、企業としての誠実さが疑われる。

⑩　環境影響評価法第30条には、「事業計画を中止したときには、市、県にその旨を通知し、公告しなければならない」とされている（注1）。しかし、事業者は中止を決めたホームページのコピーを届けただけである。静岡市長、静岡県知事への宛名もなく、事業者名もないコピーで公式通知と言えるだろうか。社内のホームページ上の記載で「公告」といえるだろうか。

ホームページには、「計画を進めてきた『清水天然ガス発電合同会社』も解散する」として、事業計画の再開がないことは明言しているが、事業計画中止の手続きは未だ完了していないのである。杜撰な企業運営と言わざるを得ない。

3年間の手続きにおいて、常に「法に従って手続きを進めてきている」「市、県の指示に従って」と言い続けてきたが、その対応は、最後まで法、行政、市民をないがしろにしてきたと難じられねばならない。さらに手続きの最初の段階から法律に従っていたのかが疑われる。計画の届け出、配慮書、そして方法書において、経産大臣、静岡県知事、静岡市長に宛てて、事業者（社長）名で日付を入れた公式の文を提出しているのだろうか。計画中止時に正規（公式）の書類が提出されていないことを考えれば、こうした手続きを経ない計画であったことが懸念される。計画を進めてきた準備会社（清水天然ガス発電合同会社）は既に解散しており、手続きをする手段はない。事業者は「法律に従って」という文句を計画遂行の根拠としてきたが、「法律をないがしろにした」計画であったと言わねばならない。

(2)　環境影響評価コンサルタント

一般に事業者は、環境調査を専門とするコンサルタントに事業の環境影響調査を委託する。計画書に対する責任はもちろん事業者にあるが、受託するコンサルタントの責任も大きい。コンサルタントは環境問題に詳しい専門家集団としての立場から、公正を旨とし、特に科学的、定量的、客観的な計画書（配慮書、方法書、準備書、評価書）を作成し、事業者にその正しさを主張せねばならない。コンサルタントも営利企業であるから、委託を受けた事業者の意向に沿う傾向は否めないが、社会的な信頼とそれに応える責任を忘れてはならない。

しかし、この度の清水火力発電所計画では、コンサルタントとしての矜持が保たれたとは決して言えない。第一部第五章四（合理性、科学性のない環境調査）で示した大半の項（①～⑯）がコンサルタントにより行われたものであることからも、環境影響評価における責任の重大性が理解できるであろう。

今回の計画を受託したコンサルタントは、これまでも数理解析の技術を基盤として環境影響評価などの専門業務を行ってきたようだが、果たして、社会性ある専門的知見の蓄積、さらにその知見を単に技術としてだけでなく、科学的良心に従って用いてきたか、疑わしい。委託を受けた企業に助言する以前に、環境影響とは何か、またその社会的影響（環境倫理）を認識していたのかさえ懸念される。以下にそう考えざるを得ない根拠を示す（参考文献2･1･1、2･1･2、2･1･3）。

排ガス源の周囲に建築物が不連続に存在している場合、排ガスがどのように周囲に広がるかは数値シミュレーションにより定量的に推測することになる。その結果が適切であるかどうかを判定しなければならない（参考文献1･5･1）。方法としては、同じ計算方法で、まず、事業が稼働する前の現状を再現してみる。再現できて初めてその計算方法は信頼できるものとなる（43頁　図1･5･4）。煙突から排ガスが放出されても周囲の大気分布を作る基本的機構は変わらないからである。

現状の再現には、前もって現状が測定されていなければならない。再現できていない場合、その理由は2つある。第1は、シミュレーションの方法（機構）が現状の物理機構と異なっているためである。

第2は、機構は現地に適したものであっても、計算に用いた定数や係数が現状とは異なるためである。例えば、自然のままの山の中と車や人間活動の大きな市街地では大気の移動、かく乱、混合の度合い（拡散係数）は大きく異なる。また、建築物の密集する程度によっても地面での大気の動き（底面粗度）は大きく異なってくる。従って、計算に用いた拡散係数や底面粗度が現状とかけ離れれば計算結果は現状を再現しない。そこで、これらの現地に特有な値（拡散係数、底面粗度など）を知るために現地調査が必要となる。

しかし、今回の火発計画では、事業者（コンサルタント）は現地調査をしなくてもシミュレーションはできるとして、実施を拒否している。ではいったい、海域、日本平に接しているこの度の特異な計画地に対してどのような係数を用いたのであろうか。シミュレーションの科学的意味を理解していないと言わざるを得ない（注15）。

二　行政

(1)　国

我が国の環境影響評価は先進国としてかなり遅れている。表2・1・1に記したように、環境影響評価法の前身である公害対策基本法においても、制定時には「経済の健全な発展との調和が図られる限りにおいて、国民の生活環境を保全する」としていた。3年後に、「経済の健全な発展との調和が図られる限りにおいて」という文言を削除したが、この経済重視は現在も政府の基本的スタンスとなっている（静岡新聞・時評　２０１５年６月17日）。

「環境権」を改憲のきっかけにと考えた政府与党であるが、現在、環境権は経済発展の妨げになるとして、改憲案から除いており、環境権、国民の生活環境に対する国の基本的認識は足尾鉱毒事件の明治期から進歩していない。環境影響評価法

表2.1.1 我が国における環境影響評価の歴史

①明治初期：殖産興業
黒煙礼讃　「大阪は煙の都」（小学教科書）　「八幡市歌」
1877：足尾鉱毒事件（公害問題の先駆け）
②昭和中期：公害の認識（近代工業、人工化学物質）
1956：水俣病を公害病として認定
1967：公害対策基本法の制定
“経済の健全な発展との調和が図られる限りにおいて”、国民の生活環境を保全する。
1969：アメリカ合衆国国家環境政策法（National Environmental Policy Act）
世界最初の環境アセスメント法（EIA）
我が国では“国民の関与”に政治的戸惑い
③昭和後期：環境保全の概念
1970：公害対策基本法の改正
“経済の健全な発展との調和が図られる限りにおいて”を削除
浜岡原子力発電所建設のための環境影響調査開始
1971：環境庁発足
自然保護の認識
1972：ローマクラブが「人類の危機」を警告（「成長の限界」D.H.メドウス他）
1973：福岡県環境影響評価要綱
1976：川崎市環境影響評価条例
1984：環境影響評価閣議決定アセス（行政指導アセス）
1989：清水市三保で火力発電所環境影響評価調査
1992：地球環境サミット（リオデジャネイロ）開催
Sustainable Development
1993：環境基本法の制定
公害対策基本法の内容＋地球環境、自然環境保護
公害対策基本法の廃止
「公害対策課」から「環境保全課」へ
1997：環境影響評価法の制定
1999：静岡県環境影響評価条例の制定
2013：環境影響評価法に「計画段階環境配慮事項」の追加
2015：清水天然ガス火力発電所・計画段階環境配慮書の提出
静岡市環境影響評価条例の制定
清水天然ガス火力発電所・環境影響評価方法書の提出
2018：清水天然ガス火力発電所計画撤回

は環境省の管轄であるが、火発計画では、その主幹省である経済産業省に対する環境省の発言力は極めて弱い。リニア新幹線計画を主管する国交省に対する環境省の立場も同様である。地球温暖化に対する外務省の立場も経産省に対して消極的である（静岡新聞２０１８年2月20日）。

環境先進国に倣って、具体的な事業計画の前に建設位置、規模等に対する住民の同意を求める「計画段階環境配慮書」を義務付けたことは我が国の環境政策としての一歩前進と評価される。しかし、環境影響評価法の制定と同様、事業推進のための隠れ蓑とならないよう、環境省の主体的立場を国民が監視せねばならない。

火発計画に関しては、経産省環境審査顧問会火力部会が静岡県知事からの意見書に基づいて「方法書」を審査した。ここでは静岡市、静岡県の環境影響評価審査会での審査に比べて詳しく、厳しい検討、審査が行われた。しかし、経産省の顧問会であるという基本的なスタンスは変わらない。計画は撤回されたので、顧問会の最終的な判断は出されずに終わった。しかし、今回と同様の人口集中域、巨大発電量、さらに石炭火力という神鋼石炭火力発電所計画に対しては、神戸市長、兵庫県知事の反対意見を受けた顧問会は「計画段階環境配慮書」「環境影響評価方法書」「環境影響評価準備書」「環境影響評価書」の審査の度に厳しい条件をつけたものの、最終的には、計画変更を要しないとして、経産大臣による確定通知が出された。

国（経産省、環境省）は環境影響評価法の主旨に従わない事業者の計画手続きにもかかわらず、違法性を指摘せず審査を進めた。国自ら法の順守を怠ったと指摘しなければならない。

(2)　県

静岡県は、①環境影響評価法に従って環境影響評価を審査する立場、②港湾法に従って清水港に隣接する建設計画地点に対する港湾管理者としての立場、③地方自治法に従って県民を守る立場で、火発計画に関して義務と権限を有する。

環境影響評価法によれば、静岡県環境影響評価審査会が本件の環境影響評価を行い、その結果に従って、県知事は事業者、経産大臣に意見書を提出する。ただし、対象とする火力発電所の計画地が静岡市内にあるため、まず、静岡市長が意見を県に述べることとなっている。この市長意見を含めて県の環境影響審査会が審査に当たる。審査の手順（詳細は資料五）は、「清水天然ガス発電所建設計画・計画段階環境配慮書」「方法書」「準備書」「評価書」と進む。静岡市は政令市として静岡市環境影響評価条例を制定したので、「準備書」以降の手続きに関しては、県知事を経ずに経産大臣に宛てて直接に市長意見を提出することとなったが、環境影響評価法第20条では「対象事業が県の行政権に係わる場合には県知事も経産大臣に意見を述べることができる」とされている。

既に第一段階の「配慮書」、第二段階の「方法書」に対する「知事意見」は事業者、経産大臣にそれぞれ提出され、事業者はこれらに従って手続きを進めた。「方法書」までは県知事が意見を陳述してきたが、「準備書」以降では県知事はこの計画に関与しないことも考えられる。しかし、一連の手続きである以上、「配慮書」「方法書」への意見を直接提出していない市長による「準備書」への意見だけでは、継続性が保たれず、合理性が懸念された。事実、上記の環境影響評価法第20条の規定にもかかわらず、県行政（県行政各部局、県議会）は「準備書」の段階からは関与できないとの認識であった。私たち住民団体の指摘により、担当部局（県くらし・環境部）はその認識を改めたが、私たちの督促に対しても、県行政全体にその旨を通知しなかった。公務の不履行と言わねばならない。従って、県知事は行政の長の立場では対応していない。

環境影響評価法に従わない事業者の計画手続きにも、県も国（経産省、環境省）と同様、事業者に法の遵守を求めず、形式的な審査に終始した。県行政も環境影響評価法、港湾法、地方自治法の遵守に積極的、真剣でなかったと言わねばならない。

静岡県知事は前記①、②、③の立場から、次のように、建設計画が異常であるとの見解を公表している。「この度の発電所計画地は静岡県が管理する国際拠点港湾である清水港に位置している。また、静岡県として世界で最も美しい湾クラブに加盟し、清水港はその中核となる港である。世界遺産の富士山、三保松原を有し、天然の良港である清水港という地域特性、文化的、歴史的資産は後世に長く受け継がれねばならない。このような静岡県の海の玄関口に巨大な発電所の建設は国際的な観点からも異常と言わざるをえない。富士山と一体となって世界遺産を構成する三保の景勝に期待して入港する世界の人たちに計り知れない大きなダメージを与えることになる（資料十四を参照）」。現在だけでなく、将来を担う子供たち、孫たちの静岡県のために、静岡市の行政範囲を超えて大局的、総合的に検討することは静岡県の責務と考えなくてはならない（中日新聞２０１７年7月21日）。

静岡県環境影響評価審査会は「漁業への悪影響の可能性があるので、水質を審査項目に加えるべき」という清水漁協、由比漁協の意見陳述を取り上げた。その結果、事業者は清水港内の水域調査を実施することとなった。この点では審査会は機能したと評価される。

天野進吾議員、小長井由雄議員の県議会での質問、中澤通訓議員の政策報告会での建設反対（本章四(3)）は、「駅前の火力発電所はパステルカラーの水彩画に墨をかけるようなもの」（静岡新聞２０１８年3月6日）という県知事の姿勢を支持するものであった。しかし、県議会議員、特に清水区出身の議員の大半は、この件に対する関心が薄かった。県民への奉仕を忘れ、県行政に対する任務を全うしていなかったのではないか。

(3)　市

行政は住民を保護し、啓発する立場にあることを忘れてはならない。年表に記したように、私たちは市の行政担当者と市庁舎において20回にわたって、住民の不安、市への要望、市による事業への対応などを話し合った。また、市議会議員が市議会本会議で市の対応を質問した。市長に対しては、公開質問状を2度提出した（資料一(2)～(4)）。これらに対し、市長および行政担当者は常に「この度の発電所計画では中立な立場にある」として、市独自の積極的な検討、公正な判断を行わなかった。一方で「経済面から発電所計画に期待する」と発言してきた。市の対応を以下にまとめる。

① 市（行政）は、「中立的な立場にある」と言いながら、事業によるプラス効果のみを市予算で調査して、経済波及効果があると公表し、これを前提として事業計画に対応した。

② 市長は常に、市民の健全な生活環境の保全を目的とする「環境影響評価」を「手続き問題である」と言ってきた。しかし、計画提出前の事業者と市長の面談、また配慮書、方法書に対する意見書の「はじめに」において、火発計画は「市の経済に大きく寄与する」とした。中立的立場、手続き問題との認識からは大きくはずれ、矛盾していた。

③ 「市民の声」、「公開質問状」、市長への陳情などで市の対応（行政の基本姿勢）を求めたのに対し市民の声を、事業者に伝えると言うのみで、積極的な働きかけはなかった。

④ 事業地は清水区の中心であるが、清水区の住民の代表である清水区長は事業者、市当局、さらに市民に対し全く対応しなかった。

⑤ この度の発電所計画が公表されて中止が決定するまでの3年間に静岡市に提出された300通の「市民の声」のうち、37通が火発計画に関するもので、市民の不安の大きさを示すものであった（第二章十一）。しかし、市民への対応は事業者に任せ、市民と事業者の相互理解を仲介しようとしなかった。

⑥ 「地球温暖化対策」、「経済波及効果」などの新聞報道で、発電所計画は静岡市のためであると、市民の意識操作を行った。

⑦ 静岡市環境影響評価審査会において、市の事務局（環境創造課）は新しく出来た「配慮書」の意義を審査委員に伝えていない。

⑧　市民団体から、本件に対する公開質問状が2度にわたって市長に提出されたが、事業者による計画書を転書するのみで、市独自の回答となっていなかった（資料一⑵～⑷）。

⑨　事業者の計画をオウム返しに市民に伝えるのみで、独自の検討を行っていない。

⑩　市（行政）は津波危険地域と市自らが定めた火発計画地に隣接して清水区役所の移転候補地を定めたが、相互の関係に全く触れておらず、まちづくりの杜撰さが目立った。

⑪　市長は、「準備書」提出直前になって、火発計画は「市のまちづくりに沿うものでない」として、事業者に計画の見直しを求めた。しかし、その内容は具体的に事業者に示さず、極めておざなりな要望と言わざるを得ない（朝日新聞2017年8月24日、読売新聞9月14日、静岡新聞9月14日、毎日新聞9月15日、日経新聞9月16日）。

⑫　市長による前記の要望は「環境影響評価」とは異なる観点からのものであるとしているが、「まちづくり」は住民環境の形成そのものであり、市の「環境影響評価」に対する認識が問われる。

⑬　市は「災害」を環境影響評価の対象外としている。一方、配慮書、方法書に対する意見書の「付帯事項」において、南海トラフ巨大地震等による周辺地域の液状化、清水港からの津波災害の拡大などに関して「災害に対する万全の安全対策」を要望している。たとえ「付帯事項」と断っても、環境影響評価を対象とした配慮書、方法書の中でこれは整合しない。

災害に対する安全対策は、度々触れてきたように、環境影響評価法が本来目的とするものである。従って、この要望は「付帯事項」としてではなく、本文中に重要項目として記すべきものである。市のおざなりな判断は否定できない。

⑭　建設予定地直下の活断層推定に対し、市の危機管理課は、「可能性を指摘したものに過ぎない。断層が見つかっても建設を禁止する法的根拠はない」という。地震・津波の情報収集を怠っているだけでなく、科学的基礎知見の取得・吸収を

もおろそかにしている（第二章十に詳述）。市民の安全を積極的に守らねばならないのが危機管理であるという認識に欠けている。

⑮「準備書」が提出されたら、公聴会を開催すると静岡市環境影響評価条例に定められている（注16）。公聴会は、「市長が準備書について環境の保全の見地からの意見を述べるため、意見を有するものから当該意見を聴く」ために開催される。火発計画が条例適用の最初のケースであったため、公聴会の開催に関して市担当課（環境創造課）と市民団体の意見交換会が5回にわたって行われた（資料七(1)〜(3)）。この過程で、

＊「傍聴人に配布する資料は公述人が印刷し、その費用は公述人が負担する」とされ、行政の責任を認識していない（その後、市が印刷、負担することとなった。資料七(1)、(2)）。

＊「公聴会には市長の出席は確約できない」とされた。

これらが公聴会に対する市（行政）の基本的考えであるとするならば、条例の主旨に反し、市民を無視した行政対応と言わざるを得ない（資料七(3)）。

⑯　市は第一部第四章で記したように、市内で増加するCO_2の排出量に無関心であっただけでなく、以下のように、合理性、一貫性にも欠けていた。

2017年3月9日に行われた市議会請願審議（資料六を参照）において、市環境創造課は、「発生するCO_2の量（配分前）でなく電気の使用者による負担分を除いた量（配分後）をカウントすればよいので、清水に発電所が出来ても大きく静岡市の排出量が増加することにならない」と回答している。しかし、既に2016年6月の市議会定例会での質問に対し、市は「環境影響評価においては、配分前のCO_2排出量で審査を行う」と回答を訂正している。市行政の合理性、一貫性のなさを示すものである（第一部第五章三(2)を参照）。

⑰　市は第一部第五章四に記した調査内容を独自に検討していない。これらの内容を理解できな

いのであれば、市の環境行政を専門とする担当部局としての能力が疑われる。また、理解した上であれば、「環境影響評価法」をないがしろにし、法の対象である住民環境を無視したもので、行政としての職責を果たしていない。

⑱　市民の懸念に誠実に応えようとしていない（資料二）。

⑲　第一部第五章一に記したが、環境影響評価法に従わない事業者の計画手続きにもかかわらず、市も県、国（経産省、環境省）と同様、形式的に審査を進めてきた。市行政も環境影響評価法の遵守に真剣でなかったと言えよう。

⑳　「環境影響評価準備書」が提出された場合、市は「静岡市環境影響評価公聴会」を開催しなくてはならないと市条例は定めている（前記⑮）。そこで、私たちは市による「公聴会の開催要領」の作成に市民の立場で参加した。今回は「環境影響評価準備書」が提出される前に計画が撤回されたが、今後、新たに事業開発が計画された場合には、この「公聴会開催要領」が適用されることになる。市行政に対するこのような市民参加は今後の行政に活かされなくてはならない。

三　環境影響評価審査会

環境影響評価審査会は事業による環境影響を科学的に審査する。しかし、審査委員は行政の長により任命される常設委員会の委員であるので、事業計画が出されたときには、事業の全ての内容を審査できる委員で網羅されているとは限らない（その事業内容により、臨時の専門委員を加えることが認められている）。委員は専門知識をもった有識者ではあるが、自己の専門以外には発言を慎む傾向が強い。さらに、行政から委任された委員として行政の意向には逆らいにくい。

火発計画では、以下に記すように、決して審査会の役割を果たしたとはいえない。

①　静岡市環境影響評価審査会長は第1回審査会において、環境影響評価法に「計画段階環境配慮書」が新たに加わったことに関して、「環境影

響評価法が改正され、事業ありきのアセスでなく、計画段階からチェックをしていくというものに大きくシフトし、開発による影響を未然に防ぐ21世紀型の環境影響評価が必要だ」と述べている。「配慮書」とは、計画の最初の段階として建設位置・規模等の妥当性に住民、行政が意見を述べる手続きである（注10）。しかし、その後の審査会においては「配慮書」に関する発言は全くなく、「建設位置」「規模」に関する議論は行われていない。法にのっとった審査が行われたとは言い難い。

②　「標準（参考）項目」以外は評価項目でないとする事業者、行政の考えに異論は出されなかった。

③　審査項目の追加を事業者に要望はしているが、その定量化、具体的手法には触れず、おざなりであった。「準備書」が提出されたら、その内容を見て対応するとしているが、それ以前に審査会として具体的な、定量化される手法を示さねばならない（注17）。

④　第一部第四章に記したように、科学的、定量的審査が行われていない。これらの問題点を摘出、提議できなかったのであれば、環境影響評価の専門家としての能力とともに、専門審査委員としての資格が疑われる。

⑤　科学的、定量的審査が行われていないのは専門審査員が参加していないためである（注18）。臨時の専門委員の参加が必要であるという住民意見を無視したことは審査会の怠慢であった。

前記の②～⑤に関しては、県の審査会の対応も同様であり、審査会としての積極性は見られなかった。

四　議会

(1)　市議会

市議会は市行政の監督者であり、市民の代表である。市議会議員は住民の懸念、意見を理解し、市行政に積極的な対応を促す役割を持つ。

しかし、今回の発電所計画では、以下のように、議会としての積極的な対応はなされなかった。

① 本件に関する検討の場（特別委員会など）を設けていない。これが市民の無関心を誘導している。

② 火発計画に関して、市議会本会議では、19件の議員発言が行われた。そのうち16件が建設計画の不備、市当局の対応への疑問を追及したものであった（内田隆典、風間重樹、鈴木節子、西谷博子、松谷清、望月賢一郎、安竹信男議員）。一方、CO_2の発生が少ない、経済効果があるとして建設を歓迎するものもあった（(3)に詳述）。これらに対し、市（行政）の回答は事業者を代弁するだけ（本章二(3)に詳述）であった。

③ 本計画に対し、市議会独自の検討を求めた請願が、2016年度に6件、2017年度に2件行われたが、内容を精査せず、一括して否決した。2016年度の請願に関しては、西谷博子議員が市議会本会議において、請願に賛成の討論を行い（(3)⑤に詳述）、2017年度の請願に関しては、望月賢一郎議員が請願に賛成の討論を行っている（(3)⑦に詳述）。

④ 2016年度の請願を傍聴した市民有志一同から市議会議長に宛てて、市民の請願意思を無視したあまりにも不合理、不誠実な審議方法の改善を要望する意見書（資料六）が出されたが回答はなかった。

⑤ 市議会での質問、請願に関して、「市議会だより」ではその内容を伝えていない。市民への公正な広報活動といえるだろうか。

(2)　県議会

本章二(2)で記した静岡県の立場を考慮すれば、静岡市だけの問題でなく、また環境影響評価手続きの範囲を超えて静岡県議会として大局的、総合的な検討、判断が県民の目線でなされるべきだった。

火発計画に関する県議会の対応は以下の3点であり、県知事に比べると、積極性に欠けていた。

① 2016年9月に住民団体から県議会議長宛てに6671名の署名を添えて陳情書が提出さ

れた。しかし、環境アセスは市が行うことになったという県議会事務局の解釈で（二⑵を参照）署名簿は返却され、県議会での審議は行われなかった。

②　2017年7月県議会において、小長井由雄議員の質問に対し、県知事は環境、景観、観光を優先すべきとして建設計画に疑問を表明した（⑶⑧に詳述）。

③　2018年3月県議会において、天野進吾議員の質問に対し、県知事は「駅前の火力発電所はパステルカラーの水彩画に墨をかけるようなもの」と述べ、建設反対の姿勢を明らかにした（⑶⑩に詳述）。

⑶　議員の活動

⑴、⑵で記したように、本計画に関する市議会、県議会の対応は十分でなかった。議員は議会では所属会派の政治的方針に縛られる。しかし、今回のような地域、住民生活に直接関係する場合には、議員個々の見解に基づいて行動すべきである。

そこで2016年7月、11月に、個々の議員に対して、アンケート調査を行った（表2・1・2）。詳細は第二章七に記した。

県議会、市議会、また議員活動を通じて、事業計画の不備、行政の対応への疑問が以下のように追及された。

①　市民を地震・津波から護るのが市の役割でないか

2016年3月3日、静岡市議会本会議で、鈴木節子議員（現在・静岡県議会議員）が行った市長への質問を以下に抜粋、要約する。

火力発電所の建設予定地は、JR清水駅、市街地に隣接し、住宅地から400mと、人々の生活に密接した地点である。地震被害想定は震度6強、最大5mの津波、液状化の可能性は大といわれ、一度大きな災害が発生すれば、市民の命と暮らしに重大な危険を及ぼす。計画を問題視する市民団体から、公開質問状が出たばかりである。当局は、これまで許可権限は国、県であり、市

表2.1.2 静岡市議会議員の発電所建設に対するアンケート

静岡市議会議員各位様

アンケートのお願い

平成 28(2016)年 7 月 6 日

梅雨の候、市議会議員の皆様におかれましては、日頃より市民の代表として静岡市発展のためにご尽力されていることと存じます。

さて、JR 清水駅東口前に 170 万 KW の火力発電所建設計画（以降本計画）が進行しつつあり、静岡市、特に清水区においては最も重要な問題であろうと考えております。

この計画について、どのように取り組んでおられるのかお伺いしたく、書面を送付させていただきました。

お忙しい中、恐縮ではありますが、以下にご回答のほどよろしくお願いいたします。

１．本計画の内容は十分に理解していますか。

□理解している　□理解していない　□その他

２．本計画を支持しますか。

□支持する　□支持しない　□その他

３．本計画の安全性について心配していますか。

□心配している　□心配していない　□その他

４．本計画の経済波及効果を期待していますか。

□期待している　□期待していない　□その他

５．本計画に関して、田辺静岡市長が、特に駅周辺の高層マンションに大気汚染の危険性があるので、特別の措置を検討するようにと要請していることを知っていますか。

□知っている　□知らない　□その他

６．本計画を県は許認可できると思いますか。

□できる　□できない　□その他

７．本計画を市は許認可できると思いますか。

□できる　□できない　□その他

８．本計画の火力発電所設置が三保の松原などの観光資源に与える影響はありますか。

□マイナスである　□プラスである　□その他

９．清水の子供たちの安全、健康、将来に心配はありませんか。

□心配している　□心配していない　□その他

１０．清水区の経済活性化のために「商業施設」や「スポーツ施設」を考えたいと思いますか。

□思う　□思わない　□その他

１１．本計画に関して、清水区の安心、安全、景観を守るために議員活動をしていますか。

□している　□していない　□その他

１２．本計画の火力発電所設置は中電、東電などの既存電力会社の顧客を奪う事業であると思いませんか。

□思う　□思わない　□その他

１３．自由意見

ご協力ありがとうございました。調査結果は集約でき次第、ご報告いたします。またインターネットやチラシなどで市民に広報することを考えております。

が割り込むことはしないと、傍観者的、まるで人ごとのようである。事業者任せにせず、市独自で直接調査、検討すべきである。その認識を伺いたい。

行政（危機管理統括監）は、LNG発電所建設計画に係る被害想定は、事業者において対応すべきものであり、LNG発電所建設計画についての地震、津波被害想定や危険性に対する調査を市が独自に実施する考えはないと答えている。

② 大所、高所から議論すべき時である

2016年6月30日、静岡市議会本会議で、安竹信男議員が市長に行った質問を要約すると、次の通りである。

既に幾つかの市民団体がこの火力発電による大気汚染等、多くの課題について不安を示している。いよいよ、市議会において、大所、高所からの議論をしていかなければならない時期が来たと認識している。

東燃の説明では、火力発電システムの安全性や、排出ガスによる大気汚染対策など、過去の事例や比較対象によるデータを駆使して安全性を誇示し、併せて建設に関わる経済波及効果を330億円、発電所稼働時からの経済波及効果を190億円と試算し、さらには本市の税収増も暗示するなど、経済優先の魅力を優先させようとしている。

本市が推進している清水港周辺のにぎわいづくりや、恵まれた水産資源、観光資源の活用といった地域密着型の経済政策のゾーニング地区に、巨大火力発電所建設計画を示したということは、東燃が静岡市に対して挑戦状を突きつけたと受け止めざるを得ない。

1992年2月26日の静岡県議会定例会会議録をひもとくと、当時の静岡県の斉藤滋与史知事は、「家の玄関口にかまどをつくるばかはいないと、三保地区に中部電力が計画した石炭火力発電計画を一喝し、火力発電所建設計画を断念させるにふさわしい所信表明を行っている。

既に清水地区住民から、排出ガスの大気汚染に対する不安や、軟弱な埋立地に建てられる火力発電所が南海トラフ巨大地震に耐えられるかなど、公害と災害対策について十分な情報と説明が求められている。想定外では済まされない大災害が、まちの機能と住民生活を奪い去った阪神・淡路大震災や、東日本大震災の大津波災害、福島原発災害からの教訓は生かされているのか、市民の安全・安心を優先すべき行政側の対応についても、大きな不安を抱いている。静岡市の関係当局において真摯な対応を求める。

第2次静岡市地球温暖化対策実行計画では、企業側も市民側も並々ならぬ努力をして、今素晴らしい実績を残しているのであるが、この巨大火力発電所からは、現在静岡市全体で排出しているCO₂の70％に相当するCO₂が排出されることになるのである。1・7倍の量のCO₂を静岡市が排出するということを御記憶いただきたい（41頁　図1・5・2参照）。静岡市環境影響審査会15名が、この火力発電所計画にどのような審査をするのか見守りたい。

さて、ガス火力発電所建設による近隣住民の生活環境への影響について、市はどのように対応しているか。

また、本市が描いている清水港を中心とした観光事業の推進にも、相反するものだと指摘がある。静岡市が清水地域の経済発展をどのように描いてきたか、フランスのNGO「世界で最も美しい湾クラブ」が、景観だけではなく、地域の伝統や文化と見事に調和している素晴らしい港であると、川勝知事に報告している。この大型火力発電所建設計画は、清水港のウォーターフロント計画や大型客船誘致によるインバウンドへの期待を大きく削ぐものではないか。清水地区の観光への影響が心配される。

これらに関して、具体的に市長に以下の質問をする。

＊世界文化遺産の三保松原に影響はないか。
＊漁業など海域への影響について伺いたい。
＊観光客の誘客に支障を来たさないのか。
＊大量きわまりないCO₂が周辺に、これから50年も60年もまき散らされる。環境への影響

はないのか。

これらの質問に対して市長自らの回答はなかった。

③　**市は市民への説明責任を果たしていない**

２０１６年11月30日、静岡市議会本会議で、風間重樹議員が行った市、市長への質問を以下に要約する。

発電所建設計画地はＪＲ清水駅、また高層マンションを含む居住エリアに近接していることから、不安の声が数多く聞かれている。そこで、簡潔に5点の質問をする。

1点目は、今後の環境評価手続きはどうなっているのか。

2点目は、住民の不安要素である二酸化炭素、窒素酸化物の環境影響について、市としてどのように考えているのか。

3点目は、発電所の建設に伴い、大気の状況について市独自の監視体制を築く考えはないか。

4点目は、東日本大震災時のガス貯蔵施設の事故例とＬＮＧ等の特性について、どう考えているか。

5点目は、発電所建設計画に懸念を抱くグループに対する市の対応と今後の方針はどうか。事業者は説明を避けているように感じられる。

これに対する担当部局からの回答は、排出ガスは大気に拡散され、低濃度になった二酸化炭素が人の健康に与える影響はない、また、5カ所の既設の大気測定局により、大気環境への影響は監視できるとした。しかし、市民への説明責任は決して十分でない。市として市民グループに対してきめ細やかな説明をしていくことこそ非常に重要であろう。

④　**市は発電所建設に前のめりになっていないか**

２０１７年3月9日、静岡市議会本会議で、内田隆典議員は以下のように市長の見解をただした。

田辺市長は、計画段階環境配慮書の内容を慎重に調査検討し、事業者から関係法令に基づいて意見を求められた場合は、環境に配慮された事業計画になるよう市長意見を述べていくと報道されている。県知事は、そういう意見を踏まえながら、知事としての意見を述べるとのことである。

今議会の代表質問でもこの問題が取り上げられた。経済局長は、輸送拠点として利便性がある。津波の浸水区域ではない。災害時自給自足ができる変電設備があり、供給がいろいろなところにできる、市民生活や経済にプラスになると答弁をしている。これだけ見ると、市はこの発電所に前のめりになっているのではないかという危惧を感じる。建設予定地は住宅から400m、JR清水駅から500mと、いわゆる中心市街地に近いところである。そして、天然の美港である清水港の玄関口で、景観にも問題があるのではないかということを感じている。慎重な検討が必要と考えているが、市の考え方を伺いたい。

これに対し、経済局長は、「予定地は都市計画法、その他法令も含め、発電所の建設は可能であると考えている。ただし、同用地は、港湾法および静岡県の管理する港湾の臨港地区内の分区における構築物の規制に関する条例では、工業港区となっており、発電所建設には知事の許可が必要になる」と回答している。

LNGの問題として、海抜が7mぐらいあるところに建てるのだから、津波は5mで問題はないというのは、あまりに安易である。建設予定地には、現在でも約40万kℓの石油貯蔵量があり、33万kℓのLNG貯蔵タンクがある。4年前の東日本大震災のときには、油タンクが流れて引火し、三日三晩、大変な火が燃え広がったという状況がテレビで報道されている。600mのところには保育所があり、800mのところには袖師小学校がある。私たちの党、議員団への事業者の説明会のときにも、これから行政側からも防災対策を含めて、厳しい指導があるでしょうからという話がされていた。そういう点では、厳しい目で見ていく必要がある。安全問題は事業者に任せるだけでなく、市として、市民の安心・安全、景観との調和、事業が市民に与える影響について、環境や経済局だけでなく、総合的にこの問題を捉えて慎重に進めるべきだと考えている。市の考えを伺いたい。

これに対し、企画局長は、「来年度には関係局長等で構成するエネルギー政策に関する統括会議を設置して、庁内横断的にエネルギー政策を推進していく」と回答している。

想定区域は1973年に埋め立て、造成された土地である。市長は県知事に、「耐震化や液状化対策が十分でないおそれがあり、想定される南海トラフ地震での災害に対して、万全の対策を講じられているものかが不明である」という意見書を提出している。いろいろな角度から、事業者任せや県知事任せでなく、建設予定地は静岡市であり、清水区であるから、慎重にやっていただきたい。

⑤　発電所建設に関する市議会請願に賛成する

2017年3月10日、静岡市議会本会議において、日本共産党静岡市議団を代表し、西谷博子議員が、2月定例会に提出された「LNG火力発電所の建設に関する請願」6件に賛成する立場で以下の討論を行った。

LNG火力発電所計画に関する請願第1号から第6号までの請願内容を要約する。

請願第1号では、以下の6項目の理由で建設中止の決議を求めている。

＊国内で最大級の火力発電所で浜岡原発5号機に匹敵する規模である。
＊大量の石油類を貯蔵している石油コンビナートの真ん中に位置する。
＊静岡市全域のごみ処理場の11倍（第二次縮小計画）の排気ガスを発生する。（51頁　図2・1・1）。
＊大量の排水は漁業を脅かす。
＊CO_2の排出量は静岡市全体の1・5倍（第二次縮小計画）に増える（41頁　図1・5・2）。
＊景観の悪化と風評で地価は低下し、観光客も減少する。マイナスの経済効果で地域の活性化につながらない。

請願第2号では、以下の4項目を挙げて、建設反対の決議文の採択を求めている。

＊事業者は、公開質問状に対する文書回答を拒否している。

＊科学者が指摘する活断層の存在を拒否している。

＊建設予定地への想定以上の津波襲来の可能性を否定している。

＊津波によるLNGタンカーの流出事故の対策を行わず計画を進めている。

請願第3号では、以下の3項目で建設反対の決議を求めている。

＊発電所から大量の排ガス、NO_x、CO_2が排出され、大量のCO_2の排出は地球温暖化対策に逆行する。

＊山に囲まれた地形は汚染物質が滞りやすく、高濃度のNO_xはぜんそくなど呼吸器疾患に影響し、高濃度のCO_2はあえぎ、頭痛を起こし、健康被害が増大する（29頁　図1・4・2）。

＊富士山の景観が悪化し、観光に打撃となる。

請願第4号では、以下の3項目に基づき、東燃に対し市長意見の誠実な実行を促すよう、議会の決議を求めている。

＊環境影響評価方法書に対する市長意見では、「通常の検討とは別に、この高層住宅への影響も考慮した上で、適切な環境保全措置を検討すべき」と述べられている。これに対し、東燃は、脱硝装置を設置するというが、通常の設備の域を越えていない。

＊東燃は、高層住宅に対する大気、環境汚染の危険性を実地調査せず、住民、とりわけ乳幼児、子どもたち、高齢者の健康被害については考慮を払うことさえ拒んでいる。

＊一営利企業のために、高層住宅の子どもたちばかりでなく、清水の子どもたちの健康も危機にさらされている。

請願第5号では、以下の要望がされている。

＊事業者は、一般市民との対話集会、公開質問状への回答を拒否している。市民の声を届けるために、静岡市環境影響評価審査会でさらに専門的知識を持つ専門家を参加させるよ

う、議会から市長に要望していただきたい。

請願第6号では、清水港周辺の埋立地に現存する3基のＬＮＧタンクと付属する配管は、南海トラフ巨大地震による地盤変動に対し、安全が保たれるのか、調査検証を静岡市が実施するよう要望している。

これら6件の請願は、いずれもＬＮＧ火力発電所計画が市民の安全･安心を守れないと強く訴え、子供たちの未来や安全・安心の清水のまちづくりに対する思いが詰まったものである。

あす3月11日は、東日本大震災から6年目になる。各地で3・11からの教訓に学び、行政は住民の安全の確保をどうするのか、住民の声を聞きながら対策に苦心している様子が連日テレビなどで報道されている。

想定されている南海トラフ巨大地震は3・11に匹敵、あるいはそれ以上の被害をもたらすかもしれないと言われている。巨大地震への防災対策の一つは、これ以上危険なものをつくらせないことではないだろうか。

地球温暖化の影響は年々深刻な状況になり、その対策が急がれている。ＬＮＧ火発計画を止めた市民の運動は、まさに「地球温暖化対策に貢献した」と胸を張って言えるのではないか。

⑥　まちづくりに対する市長の姿勢を問う

２０１７年9月28日、静岡市議会本会議において松谷清議員は、ＬＮＧ火力発電とエネルギーの地産地消･まちづくりについて以下の意見を述べ、市長の見解をただした。

２０１７年8月8日、市長は定例記者会見で、「ＬＮＧ火力発電所は静岡市のまちづくりの方向性に合わない、見直す必要がある」とした。これは市長の大英断であり、断固として支持したい。この英断が正しくこれからに生き続けるように応援したい。市長もその意思をきちんと持っていただきたい。

この英断により、9月15日、ＪＸＴＧは環境影響評価準備書の提出の延期を表明した。このタイミングでの市長の見直し要請英断に至った経緯が明らかにされねばならない。さらに、ＪＸＴＧは、1年から2年の事業の延期を公表し、中止もあり得るとも述べた。そこで、市長として、今後、事業者との協議の場はどのように設けていくのかが示されねばならない。

反対運動の中に、清水の将来は観光として生きるべきであり、煙突は似合わず、発電所予定地にサッカースタジアムの建設、あるいはまた、公園建設をとの主張がある。ＪＸＴＧから改めてＬＮＧ火力発電所を建設したいという主張が出るかもしれない。それでもやはり市長として、ＬＮＧ火力発電所は清水には合わないという基本姿勢を貫けるのだろうか。

さらに、事業者との協議を持とうとする場合、県との協議はどのように考えているのだろうか。

地元説明会でＪＸＴＧは、たびたび静岡県の発電エネルギーの需給、地産地消の拡大につながると説明をしている。しかし､市長の見直し要請は、まちづくりの方向性に合わないとして、この地産地消論を切り捨てたことになる。しかし、この問題は、事業者との協議の場で、必ずまた取り上げられると思う。その際には、「里山資本主義」を掲げている藻谷浩介氏のエネルギーの自給、地域循環経済論の立場で臨まれることを期待したい。

海外からのＬＮＧという化石燃料の輸入によってつくられる電力の購入に支払われる財貨が、地域の再生可能エネルギーによってつくられる電力に支払われるとすれば､その財貨が地域を循環し、地域経済を支え、本当の意味での電力の地産地消になる。藻谷浩介氏が唱える、化石燃料を輸入することなく地域資源を活用し、エネルギーを地産地消する里山資本主義を、市長としてどのように捉えているかが知りたい。里山資本主義に基づく再生可能エネルギーの拡大をすべきと考えているが、静岡市の再生可能エネルギーへの基本姿勢、目標値､現状はどのようになっているのだろうか。

実はＪＸＴＧは7月、川崎市での東京ガスとの120万ｋｗのＬＮＧ火力発電所計画は送電費用が高いとして中止した。9月には、送電網を持つ東京電力との間で130万ｋｗのＬＮＧ火力発電所計画に着手している。

従って、静岡でも中部電力との新たな計画というのもあり得るのではという想定もできる。藻谷浩介氏の里山資本主義に基づくエネルギーの自給論、地産地消を国際海洋文化都市まちづくり構想に重ねることがＬＮＧ火力発電所に対抗できる強力な理論的根拠になると思う。

静岡市の再生可能エネルギーによる総発電量ポテンシャルは１４６万Ｍｗｈ、静岡市の大型水力は75万Ｍｗｈで、合計２２１万Ｍｗｈの発電が再生可能エネルギーによって可能だということになる。静岡市の総電力消費量は全部で４３０万Ｍｗｈであるが、その77％（３３０万Ｍｗｈ）が民生・農林水産部門、民生農業用である。すなわち、再生可能エネルギーで、この３３０万Ｍｗｈの７割は賄えることになる。全部合わせても、５割以上は再生可能エネルギーで賄えるということになる。つまり、再生可能エネルギー電力の目標を50％、あるいは60、70％に合わせていけば、ＬＮＧ火力発電所に基づく地産地消論というのは必要ないということになる。

さらに、発電所の敷地面積５００ｍ×６００ｍに京セラの業務用太陽光パネルを建設するとして計算してみると、５万ｋｗ、４万４千Ｍｗｈが発電できることになる。そこで、国際海洋文化都市として人の集まるまちを目指すのであれば、ＬＮＧ火力発電所から再生可能エネルギー基地への転換をＪＸＴＧに促す考えは市にないだろうか。

次に、エネルギーの地産地消についてである。太陽光パネルは家庭用で推進されており、市民の意識が高い。さらに進めていくためには、太陽光推進のために東京都が作成した「東京ソーラー屋根台帳」のような、太陽光のポテンシャルマップを作成する考えが必要であろう。

水力の利用については、水道局での取り組みが始まっているが、これは画期的でないかと思うが、現状はどうなっているのだろうか。

そして、前記の４３０万Ｍｗｈと３３０万Ｍｗｈに関していえば、今、全国的には再生可能エネルギーで十分日本の電力は賄えるということで、ＮＰＯ法人環境エネルギー政策研究所と、千葉大学倉阪研究室とで、「永続地帯」という名前の共同研究を行っており、全都道府県の自給率が計算されている。静岡県では、南伊豆町が１０１・５％でトップである。

さらに、「ふじのくにバーチャルパワープラント（ＶＰＰ）」と言われる取り組みを、県と県内23市町の関係者で協議を始めている。ＶＰＰとは蓄電池を活用するシステムであり、これまでは大規模電力供給者である中部電力の調整に任せていたが、受給者が持つコ・ジェネ、空調など、そして再生可能エネルギーを組み合わせて電力を調整するメカニズムであり、静岡県はそれを始めたわけである。静岡市は、全国初めての電力売買の一括契約と民間施設のＶＰＰを組み合わせたエネルギーの地産地消事業を発表している。先ほどの再生可能エネルギーの全国政令市との比較ではちょっと低いが、先端的な努力はしており、その点で、環境エネルギー政策研究所および千葉大学倉阪研究室と連携して、再生可能エネルギーの目標値の見直しを、先ほどの23・5％よりもっと高い、50％は確実にできると思っている。

これらの意見に対し、市長は、「ＬＮＧ火力発電所計画に関しては、環境影響評価手続きの途上であり、８月８日の記者会見までは、ニュートラルな立場で対応してきたが、まちづくり事業の推進上ぎりぎりのタイミングで見直しを要請することとした」と述べるにとどまった。その他の項目については企画局長、環境局長、上下水道局長が業務の立場から回答したが、市長の本音を聞くことはできなかった。大所高所からの市長の姿勢を市民の前に明らかにすることが市議会の役割であり、極めて不満足であったと言わざるを得ない。

松谷議員は、本件に関する市民団体から市議会に提出された２回の請願審議の場でも、市行政、市長の対応を追及している。

⑦　市民の請願を真摯に受け止めよ

２０１８年２月21日、静岡市議会本会議において、望月賢一郎議員が2万5829名から提出された請願第1号「駅前LNG火力発電所計画中止の決議を求める請願」について、賛成討論を以下のように行った。

この計画については、昨年8月に田辺市長が記者会見で「私どもが進めようとするまちづくりの方向と一致するものにはなっていないので、計画の見直しを要請する」と表明した。これを受け事業者は、9月に計画の一時延期を発表したが、撤回はしていない。

今回の請願は以下の3点である。

第1点は「安全」についてである。

この発電所の建設予定地はJR清水駅から500mの距離にあり、周辺は人口密集地帯である。さらに建設予定地周辺は石油類など危険物貯蔵タンクが大小合わせて118基ある。また、同じ清水港内には輸出入用のコンテナや木材が数多く野積みされており、南海トラフ地震とそれに伴う津波でこれらが流出した場合、大変な被害が予想される。こうした場所に新たな危険施設を建設することが、市民の安全を守るという観点で果たして良いことかどうかが問われるということである。

さらに発電所が稼働した場合、LNGタンカーの入港回数は現在の倍、すなわち週1回程度となる。このLNGタンカーが入港時に地震が発生し、津波に襲われた場合どうなるか、ということも大きな問題である。当初、事業者は津波発生時でもタンカーの係留索は切れないと言っていた。これは、当時の海上保安庁のシミュレーションに基づいたものである。このシミュレーションは清水港の沖堤防が決壊しないことを前提としている。しかし、その後、内閣府からの通達で、地震の揺れで沖堤防は決壊する可能性があるので、シミュレーションをやり直すよう指示が出ており、現在見直し中とのことである。沖堤防決壊の条件でシミュレーションを行えば、波高は当初予想よりも高くなり、LNGタンカーの係留索が切れ、タンカーの漂流はあり得る、ということにもなる。そうなれば、清水にとってとてつもない危険な情況になると言わなければならない。

2点目は環境についてである。

LNGを1500℃の高温で燃焼させる方式のため、窒素酸化物が大量に発生する。脱硝装置で多くは除去されるといっても、煙突からの排出時には5ppmという高濃度である。この窒素酸化物は喘息との因果関係が非常に強い化学物質であるが、問題はこの拡散である。事業者によると排煙は80mの煙突から秒速30mで排出され、上空300mまで上昇し、そこから均等に拡散し着地点で最も高濃度となるのは、葵区の千代田小学校ということである（45頁　図1・5・5）。従って、測定場所は千代田小学校とするという事業者の主張は、建設予定地近隣住民には到底納得できるものではない。駅前の高層マンションは90mである。マンションをはじめとした駅前地域は排煙の直撃を受けることになる。ダウンドラフトや逆転層といった気象条件、地形や構造物などの条件によりシミュレーション通りにならないことは明らかである。高層マンションの住民は事業者に対して測定器の設置を要求したが、事業者はこれを拒否したとのことである。この高層マンションを含む大和町自治会では圧倒的多数で発電所建設反対の決議をあげている。

さらに、請願では二酸化炭素の問題を指摘している。その排出量は膨大で、発電所が稼働すれば静岡市の二酸化炭素排出量は従来の1・5倍（第二次縮小計画）となる。静岡市は温暖化防止策として、第二次温暖化対策実行計画を策定している。この発電所の建設はこの実行計画に逆行することにはならないだろうか。最近の新聞報道によると、太陽光や風力などの再生可能エネルギーのコストが、今ものすごい勢いで低下しているとのことである。2020年には一部火力を下回る可能性も出てきたとのことである。こうした再生可能エネルギーへの転換こそ今必要なことではないだろうか。また、現在、全国的な電力の需給状況もきわめて安定しており、電力自由化の下で、いかに安い電気を作るかということでこの発電所計画が出てきている点も見逃せない。

3点目は経済効果の問題である。

事業者は1500億円の設備に対する固定資産税が静岡市に入ると言っている。しかし静岡市は国の交付団体である。増加する固定資産税の75%は国からの交付税が減額される。すなわち事業者が支払う固定資産税の4分の1しか税収の増加にはならない。

また、雇用についても、発電所の運転は特別の技能が必要なため、30名といわれる技術者は地元で採用されない。建設時やメンテナンス時の雇用も市外からの一時的なものである。発電用タービンやボイラーなど主要部分も地元企業で作ることはできない。燃料のLNGは全て海外からの輸入である。

一方で、増加する大型クルーズ船、開通間近な中部横断道など、今後、清水の将来を託す観光業に対するマイナスの影響は計り知れない。海洋文化都市、港を活かした街づくりを展望するとき、その真ん中に巨大火力発電所は不釣り合いである。また、「清水都心まちづくり構想」においても今後、JR清水駅周辺に定住人口を増やそう、コンパクトな街を創ろうという構想にも逆行する。すでに駅前の本郷町大型店舗跡地再開発事業は、民間事業者が撤退したといっていい状況となっている。まさに、田辺市長が昨年指摘した通り「清水のまちづくりと一致しない」ということになる。

次にこの発電所計画に対する住民の意識についてである。この請願の提出とともに市民団体が行った住民意向調査の結果が発表された。これは市民団体が対象地域で戸別訪問し、発電所建設に対する「賛成」「反対」の聞き取りを行ってまとめたものである。この調査によると、対象地域の辻・江尻・袖師の各地域において6割～7割が「反対」という結果になっている（第二章六に詳述）。さらに、江尻・伝馬町では自治会独自の調査が行なわれている。この結果では回答者の83%が「反対」となっており、一昨年よりも「わからない」が減り「反対」が増加している。発電所の内容を知れば知るほど反対が増えるということになっている。

こうした住民意識、また市長の意見表明によって、事業者は環境影響評価準備書の提出を一時延期している。この環境影響評価法というのは、言うなれば手続き法である。発電所の位置や規模については、既に第一段階の配慮書で決着が付いてしまっている。準備書が提出されればその審査は環境影響評価審査会に委ねられる。公聴会などで住民の意見は聞いても、その審査は規定に沿って進められていく。準備書が出たら、それを見てから市議会でゆっくり考えようと言っても手遅れである。さらに先ほど述べた3点のうちの「安全」、「経済効果」については、この環境影響評価の審査項目にも入っていないのである。そして発電所の許認可権は国（経済産業省）にある。市長意見で否定的な意見を述べても法律的には考慮されないということである。従って、準備書を出させないことが重要である。そのためにも、地元の声としての市議会の決議が重要になってくる。

今回の請願署名は昨年の5月半ばからスタートした。それから9カ月間、多くの市民がこの運動に携わってきた。夏の猛暑の中、冬の寒波の中で市民の皆さんは駅頭やイベント会場に立ち、また戸別訪問などで署名を集めてきた。その結果がこの2万5千を超える請願となったわけである。

「安心・安全な日常生活を送りたい」「子どもや孫に快適で安全な郷土を残したい」「観光で清水の再生を図りたい」という市民の願いに応える義務が市議会にはある。議員の皆さんがこの請願に託された市民の思いを真剣に受け止め、賛同していただけることを深くお願い申し上げる。

⑧　火力発電所建設に対する知事の所見を問う

２０１7年7月20日、静岡県議会本会議で小長井由雄議員が行った討論を以下に要約する。

（前文略）、清水天然ガス火力発電所の建設計画について、大きな問題があると専門家が指摘している。

例えば、大気環境については局所風による大気拡散のシミュレーションが行われておらず、特に海岸部で発生する海風前線がもたらす逆転層の評価が不足している。また煙の大気拡散現象であるダウンウォッシュ、ダウンドラフトの予測評価も必要である。清水地区の地形は西に有度山、北側に南アルプスに囲まれているため排出物質が上空によどむ形になる。また発電所の稼働に伴い、大量の湿潤な水蒸気が出る。これは通常の小中学校のプールの60杯分の水が発生することに相当する。住民の生活に大変大きな影響を及ぼすことになる。

また、水環境においては、マイナス10度の冷排水が大量に清水港に排出されるにもかかわらず、周辺海域の塩分、水質の変化に対する影響評価がされていない。この排水による生態系に与える影響も評価がされていない。

景観においては、清水は富士山と三保松原、日本平とが一体となった景観が高く評価されている。クルーズ船の誘致を推進していることから、海上からの景観が重要であるにもかかわらずそれも評価されていない。

さらに、地盤の液状化については、地震の二次的被害が発生し、周辺に甚大な被害をもたらすと予想されている。しかし地震による液状化も環境影響評価の対象になっていない。漁業においても、排水の水質、特に水温の変化による駿河湾の特産であるサクラエビ、シロウオ等に与える影響も評価がされていない。

以上のように、この建設計画は環境に与える影響が非常に大きいにもかかわらず評価されていない点が多い。これから準備書が出されるということで、どんな扱いになるのか、不明である。

以上、環境に関しての問題点について指摘したが、どのような問題意識をお持ちか、知事の所見を伺う。

三保松原は富士山世界文化遺産の構成資産に登録された。これによって世界との交流拠点の創出、世界クラスのクルーズ拠点の形成に向け、また清水都心ウォーターフロントと位置付けての活性化に取り組むことが可能となっている。今回の火力発電所の建設予定地は、県と市が一緒に推進しているこの清水都心ウォーターフロント地区に近接しており清水地区の港を生かしたまちづくりに影響を及ぼすものである。この近接地に火力発電所を建設することについて再度、知事の御所見を伺う。

これに対して知事は以下のように答えた。

第一に、環境影響評価、特に大気、水に関わる影響については小長井議員が御指摘の通りである。景観についても同じである。

（中略）、今はまさに観光立国、環境に対する関心が極めて高まっている。火力発電所ができることが果たして適切かどうかが問われる。環境・景観とエネルギーのどちらを取るか、おのずと結論は出ている。小長井議員が言われた事柄に満腔の賛意を表し、議員の懸念についても共有している。

⑨　自然災害に強く安心・安全な社会へ

２０１７年12月6日、清水マリンターミナルにおいて、中澤通訓・静岡県議会議員は県政報告会を催した。中澤議員は次のように振り返る。

ここでの主題は清水ＬＮＧ火力発電所建設計画が清水の街づくりを阻害することを清水区民に分かってもらうこと、そして、この計画が以下に述べる私の県議会議員としての立場に反することを理解してもらうことであった。

出席者は１５００人程であったが、前記に対する十分な賛同が得られたと感じた。その結果を川勝県知事に伝え、県知事も私と同じく、県民の生活を守る県知事の立場から、この発電所計画に大きな懸念を持っていることを確認した。

私の静岡県会議員としての考え方、そして、県会議員として為さねばならない役割は以下の３カ条である。火発計画はこれらのいずれの観点からも妥当なものといえない。

＊清水港・三保の積極的な活用で地域経済に活力を

企業・商店の活性化、農林水産業発展のための様々な助成金の充実を図るとともに、世界文化遺産の構成資産である三保の松原、客船の誘致で賑わう清水港の積極的な活用で地域経済に元気を取り戻す。

＊徳育を基本とした教育環境の整備

物心ともに豊かな社会を築き、「住んでよし、訪れてよし」「生んでよし、育ててよし」「学んでよし、働いてよし」の理想郷の実現を目指す。そのために、有徳の人材を育てる教育環境の整備を進める。

＊自然災害に強く安心・安全な社会へ

地震・津波、そして台風・土砂崩れなど自然災害による被害を最小限に抑えるため、最新の知識や技術を広く求めて対応していく。また、情報伝達手段の強化や防災意識を徹底するためのプログラムを作り上げる。

⑩　県政の最重要課題としての姿勢を

２０１８年3月5日、静岡県議会本会議で天野進吾議員が行った討論を以下に要約する。

近い将来、年間数百隻が入港する清水港の環境に気がかりとなる問題点があり、この際ストレートに知事の御意見を賜りたい。

ＪＲ清水駅からごく近くにＬＮＧ火力発電所の建設が準備されている。オーバーな表現で言うならば清水駅の陸橋から手を差し伸べれば届いてしまうような、ごく近くにその発電所は計画されている。当然のことながら既に当該地区に住む方々からは公害に対する心配、自分たちの生活圏の問題として激しい反対運動が展開されている。近い将来、年間１５０隻もの豪華客船がこの美しい駿河湾に入り、いよいよ清水港を目前にした途端、目の前に１００ｍの火力発電所の煙突の林立はどう見ても美しい霊峰富士や羽衣の景観にはそぐわないのではないか。さらに言えばこの港の救世主たるゲンティン香港社にどんな弁明をするというのだろうか。

平成の初め、この答弁席から、玄関先にかまどをつくる愚か者はいないだろうと三保に予定された中部電力火力発電所の建設計画に頑と言い放った斎藤滋与史知事の言葉を、当時静岡市長であった私ははるかに懐かしくも思い出す。それは単に清水地区の住民だけではなく、本県の将来を担う国際クルーズの拠点化を前にして、県政の最重要課題に対する姿勢としてどうあるべきか、川勝知事に御所見をお聞かせいただきたい。

これに対し、知事は以下のように答えた。

私はこの地にＬＮＧ火力発電所は清水港の目指すべき姿としてふさわしくないという認識を持っている。いわばパステルカラーの美しい水彩画に墨をかけるようなものである。県としては、ゲンティン香港社が整備する旅客ターミナルに隣接する緑地の整備などを進めつつ県内全域、隣県まで含めた広域の魅力向上等により、みなととまちを一つの資産として清水港全体へ最大限に生かすことで、クルーズ船で清水港を訪れる人々にとって、快適な空間を創出し、清水港が世界の憧れを呼ぶ港となるように取り組んでいく。

五　自治会

自治会の最大の役割は、地域住民への情報伝達に努めることである。

事業者は事業計画地に隣接してこれまでも事業を行ってきており、周辺地域に対し、種々の寄与・貢献をしてきた。しかし、自治会はこうしたつながりにとらわれず、住民の立場を第一とし、公正な立場で臨まなければならなかった。今回の火発計画で、自治会の事業者に対する対応、そして、私たちの自治会に対する対応を挙げる。

①　建設計画地に隣接する自治会では、自治会長が「一企業の計画について自治会は口を挟んではならない」としながら、一方で、「自治会がお世話になっている企業の計画であり、経済活性化の観点から歓迎する、建設に協力したい」と発言している。自治会長個人の見識、発言であっても、それは住民個々に強いインパクト、影響力を持っていることを自覚し、責任を持っていたのであろうか。

②　その自治会では、事業者からの要望による情報伝達は行ったが、住民団体からの回覧要望も受け付けなかった。

③　辻地区大和町自治会主催の事業者説明会で

は、事業者の要望で他地域の住民は出席を拒否された。特に、袖師自治会主催の事業者説明会では、自治会役員が説明会場に鍵をかけて、他地域の住民は入場もできなかった。

④　多くの自治会では、役員会だけで事業者説明が行われ、その内容は住民に伝えられていない。

⑤　事業者は自治会の同意を得たとしているが、その内容は住民に全く知らされていない。

⑥　辻地区連合自治会は、事業者説明会でのマスコミの取材を拒否した。

⑦　清水区連合自治会会長に定例会で討議するように要望した。しかし、地元自治会長からの要請がないことを理由に拒否された。

⑧　清水区連合自治会会長の要望に従って、「清水天然ガス発電所計画についての私達の見解」（資料二）を作成し、連合自治会長らに配布したが、全く反応はなかった。自ら要望したものであり、住民への背信行為ともいえる。

⑨　伝馬町、宮代町自治会（江尻地区自治会）では、事業者と住民団体の意見交換会を企画した。しかし、事業者は住民団体との同席を拒否し、別個に開催したため、意見の相違を市民が比較する場とはならなかった（第二章二(2)）。

⑩　伝馬町自治会は、住民に対しアンケート調査を実施。建設計画への反対意見が93％であった。

⑪　大和町自治会では「建設撤回要求決議」を発表した。

⑫　清水区の連合自治会長に、市議会議長に宛てた請願署名を住民に回覧してほしいと依頼した。不二見、高部、蒲原の3自治会から署名簿が届いた。

一部の自治会を除き、①〜⑧のように、事業者の立場を過度に忖度し、自治会本来の公正な判断を忘れていたのではないか。これは、住民を無視した自治会執行部の越権行為、任務不履行にも等しい。

一方、⑨のように、住民個人の判断を重視した自治会もあった。さらに、⑩〜⑫のように、自治会独自の判断で事業に対する住民意見をまとめるという努力も見られた。

六　メディア

新聞等のジャーナリズムは公正な報道を旨としている。しかし、それぞれの社の方針に従って記事のニュアンスが異なるのは否めない。読者はこれらを念頭に置きながら情報を自分のものにしなければならない。

今回の火発計画に関しては、静岡新聞、中日新聞、毎日新聞、朝日新聞、読売新聞、日本経済新聞、さらにテレビ各社で、事業者、行政（国、県、市）の対応、市民の活動が報道された。事業者、行政との対話、集会、講演会、デモ行進などの都度、これらのメディアに予告し、終了後に記者会見を行った。計画の公表から撤回までの3年3カ月の間に各社が掲載した記事は90件ほどであり、決して少ない数ではなかった。その大半は地元の静岡新聞によるものであり、地元住民への情報提供を心掛けていたことが分かる。また、住民からの投稿の新聞掲載は7件であった（第二章九⑹）。住民の意見が世論形成に重要であることを配慮してのことであろう。

しかし、全体的にみると、行政が発信する記事、次いで事業者からの情報に基づく記事が大半で、地元住民の運動や計画を懸念する声は抑制された印象が強かった。事業者側の主張を取り上げた記事の発信力は無視できない。読者、市民は報道をそのまま正しいと受け止めてしまう傾向があることを報道関係者はもっと念頭に置いてほしい。

新聞に比べて、テレビの報道は少なかったが、静岡朝日テレビは「とびっきり！しずおか」で、火発建設の是非を数度にわたって取り上げた。学識経験者など多方面からの意見を公正に紹介し、新聞報道に比べて市民へのインパクトも大きかった。

静岡新聞は社説（２０１５年9月22日）で、「どのような開発行為にも安全最優先の視点は欠かせない。事業者には最悪事態を想定し、そこから対策を積み上げる姿勢が求められる。住民の懸念に事業者が真摯に向きあうのは当然だろう。一方、住民は関心を持って説明会へ足を運んでほしい」と記した。市民だけでなく、企業に対する啓発は新聞の使命であり、その主張は評価したい。

ただ、最初に報道された情報が読者、視聴者に先入観を与え、その後の考え方をミスリードする場合もある。従って、報道は正確、公正でなければならない。この点で残念な報道も少なくなかった。例えば、先に挙げた静岡新聞の社説で、「安全・防災面の評価については環境影響評価法の対象外となるため…」とする部分があった。しかし、環境影響評価法の主旨に基づけば、「安全・防災」は明らかに対象とされている項目である。第一部第五章二⑵で記したように、地震・津波災害が想定される人口集中域での巨大火発建設を扱う事例が過去になかったため、「安全・防災」がこれまで審査対象とならなかっただけである。

また、静岡新聞（2016年4月1日）は「建設時、2800人の雇用」との見出しで、静岡市が調査した火力発電所計画の経済効果を掲載した。この記事では、「地域への電力供給の安定性が向上し、雇用、関連産業など地域経済への貢献がある」と市の主張を紹介している。その宣伝効果は抜群であった。その静岡新聞（2016年4月17日）が、改めて調査報告書を精査した静大名誉教授による「この経済効果は疑問」との記事を掲載した。結果的に新聞は十分な検証もせずに、市の発表をそのまま記事にしていたわけである。正しい情報を客観的に伝える義務と努力を報道機関は忘れてはならない。

七　その他

清水漁協と由比漁協は、静岡県環境影響評価審査会に対し、清水港周辺での漁業への悪影響の可能性があるとして、水域の調査も影響評価項目に加えてほしいと意見陳述した（注18）。これは、県知事意見として採用され、事業者は清水港周辺での水質調査を行った。

「LNGを考える女性の会」は、はーとぴあ清水において写真展「清水のいま」と題して、これまでの清水、そして火力発電所の建設によって予想される清水の将来を展示した（第二章四(4)）。これは来館者の共感を呼び、予定の期間を延長して20日間の展示となった。

しかし、これと同様の展示会を浜田生涯学習交流館で開始後、特定の主張を呼び掛ける内容であるという館長の判断で不許可となった。弁護士を通して異議を申し立てたが再許可とならなかった。市民のための公設の施設であることを理解していないと思わざるを得ない。

「富士山静岡スタジアムを作る会」は静岡新聞に「火力発電所建設に反対する」という意見広告を3回にわたって掲載した（第二章九(3)）。ここでは、市民に対し、火発の建設が市民の安全な生活環境、港の景観をどのように変えてしまうのかと問い掛け、行政、政治には責任を全うするよう要望している。

第二章　私たちの運動

一　市民運動とは何か

静岡大学教授　川瀬憲子（依頼寄稿）

現代資本主義における都市問題を解決するためには、都市政策が必要となる。その都市政策は自治体を中心に、市民の安全、アメニティ（住み心地よさ）、福祉や教育の向上を目的として、住民参加を含めた民主主義的アプローチによって、都市問題の解決を図ることが求められる。しかしながら、そうした都市政策が十分に機能せず、住民に対して多大な不利益がもたらされる時、それを是正する必要性が生じることになる。そこで必然的に起こってくるのが住民運動である。

労働条件の改善を求める労働運動とは違って、生活条件の改善を求める社会運動が住民運動ということになる。宮本（参考文献2・2・1）によれば、「根源的・古典的貧困の解決が労働運動を土台にしているのに対して、現代的貧困の解決は住民運動を土台にせざるをえない」としている。無党派を含む諸党派の地域住民の世論や運動を土台にした政党と、その他の政治団体の活動も必要となり、自治体政策の転換を求める大きな動きへと展開していくこととなる。

住民運動を進める上で重要となるのが、住民による共同学習である。1960年代、四大公害問題が深刻化しつつあった時期に、静岡県三島市、沼津市、清水町にまたがる地域における石油化学コンビナート誘致をめぐって反対運動が展開された。これは、日本で初となる学習型住民運動として注目された。その後、三島市では、源兵衛川などの保全運動とも相まって、水を中心に美しいまちづくりが行われている。

清水における住民運動について見ておくと、かつて三保の松原に火力発電所誘致をめぐる反対運動が起こったことがある。現在では、三保の松原は富士山とともに世界文化遺産に登録されて、多くの観光客で賑わっている。これらの事例は、まさに都市のアメニティが保全されることによって内発的に発展した典型事例であるといえる。

現在、清水では再び、清水駅前のLNG火力発電所建設をめぐって反対運動が展開した。清水の位置する静岡市は、2003年のいわゆる「平成の大合併」期に旧静岡市と旧清水市が合併し、蒲原町と由比町を編入して政令市となった。合併後は、旧静岡市の中心部に比べると、旧清水市中心部は相対的に衰退した。それに加えて、国土形成計画である「グランドデザイン2050」の下で、コンパクトシティ政策や立地適正化計画が実施され、集約連携型都市構造への転換が図られようとしている。

こうした背景の下で、清水駅前のLNG火力発電所建設計画が持ち上がったのである。さらには、清水区役所を清水駅に隣接する区域に移転させ、跡地に独立行政法人桜ケ丘病院を移転させる計画まで浮上している。内陸部にある病院を、津波浸水区域である清水区役所跡に移転させる計画に対してもまた、学習型住民運動という形での問題提起が行われている。

都市においては、市民の安全、アメニティ、福祉や教育の向上、さらには維持可能な発展に向けて、提案型の新たな住民運動の意義を再確認するとともに、それをサポートするような住民参加のシステムづくりが求められているといえよう。

（静岡大学人文社会科学部　経済学科教授、日本地方自治学会理事、自治体問題研究所副理事長）

二　事業者との直接対話

事業者は「清水天然ガス発電所（仮称）建設計画　計画段階環境配慮書」を公表した。しかし、これで計画の全てが理解できるものではない。事業者による地元説明会、また、環境影響評価法に基づく事業者説明会でも司会は事業者であり、事業者の一方的な説明に終わり、第一部第二章に記した住民の懸念には全く答えていない。そこで、計画の詳細を問うために、対話集会を求めた。

(1)　事業者に質問する会

事業者との直接対話を事業者に度々要望し、また市の担当課を通じて要望した。その結果、２０１６年８月18日に事業者との対話集会が住民代表を司会として、はーとぴあ清水で開かれた。参加者は２００名であり、ここで公開質問状が事業者に手渡された（資料一(1)）。事業者はこの公開質問状に対して、自社のホームページの中で質問に答えているとして、文書での回答はなかった。会ではＬＮＧの危険性、事業地直下の活断層の存在など安全に関する質疑が白熱した。対話は時間切れとなったが、事業者は、住民団体の司会する会には以後出席しないとした。

２０１７年７月６日に事業者が司会をすることとして、清水区情報プラザで事業者と住民団体の対話を行った。ここでは計画の具体的手法を議論するため、環境影響評価を担当した㈱数理計画の技術者（コンサルタント）の出席を求めた。事業者の要望で、住民団体からの出席は10人に絞られ、一般市民の参加は拒否された。大気拡散シミュレーションの手法（43頁　図1・5・4）、風の卓越方向などの統計（47頁　図1・5・7）に関する非科学性について質問したが、合理的な回答は得られなかった。時間の延長を要望したが、司会者により打ち切られ、次回の約束もせず、会は打ち切られた。

２０１８年2月28日に皇居前のＪＸＴＧ本社にチャーターバスで抗議に出かけ、本社内で対話したが、社長には面会できず、計画中止を要望した対話の成果は得られなかった。

⑵　事業者と反対住民の言い分を聞く会

事業者の説明だけでは、公正な判断をすることは一般市民には困難である。江尻伝馬町、宮代町の2つの自治会長はこのように考え、事業者とこれに反対する住民グループの言い分を両者が出席する場で聴くことを計画した。

事業者は両者が出席しての討論を拒否した。そこで、２０１７年5月24日に住民グループの考えを聴き、31日に事業者の説明を別個に聴いた。事業者説明会の開催は住民グループの意見を聴いた後であったので、事業者説明の矛盾をつく一般市民の意見も多かった。しかし、事業者と反対グループの直接の討議の場とはならなかった。事業者は、住民に建設を理解してもらうという本来の目的を、自ら放棄したと言わねばならない。

三　情報の共有と研修

⑴　地域学習会

火力発電所建設計画の発表は地元住民にとって寝耳に水であった。まずは計画書「清水天然ガス発電所（仮称）建設計画　計画段階環境配慮書」を読もうと住民有志が集まった。「環境配慮」という文字も初めて目にした。そこで、学習会が有志の間でスタートした。火力発電、ＬＮＧ、環境影響評価、地震、津波などの専門家を呼び、有志だけでなく、発電所計画に無関心な地元住民への啓発の必要性を感じて学習会は拡大していった。専門家による講演会については後述する（九(1)）。

　専門家による話題提供、解説に基づいて住民の間での意見交換会「学習会」を21回開催した。学習会は開催の1カ月ほど前にテーマ、期日、会場を記したビラを1000枚ほど作成し、地域、また街頭で配布して参加を呼び掛けた（図2・2・1）。

　学習会の会場は袖師町、小芝町、横砂町、辻町、新富町、江尻、草薙、八坂北、葵区大岩4丁目のそれぞれの自治会館、三保羽衣団地集会所、はーとぴあ清水などの生涯学習会館、マークス・ザ・タワー清水、港橋・年金者組合、狐ヶ崎マンション、有度・安間氏宅などで、参加者は各回20～50名、講師は、環境影響評価を松田義弘氏（東海大学名誉教授）、経済波及効果を田島慶吾氏（静岡大学教授）、まちづくりを川口良子氏（まちづくりサポーターFUJI事務局長）、地域防災を眞田宏幸氏（元・辻七区防災部長）がそれぞれ務めた。

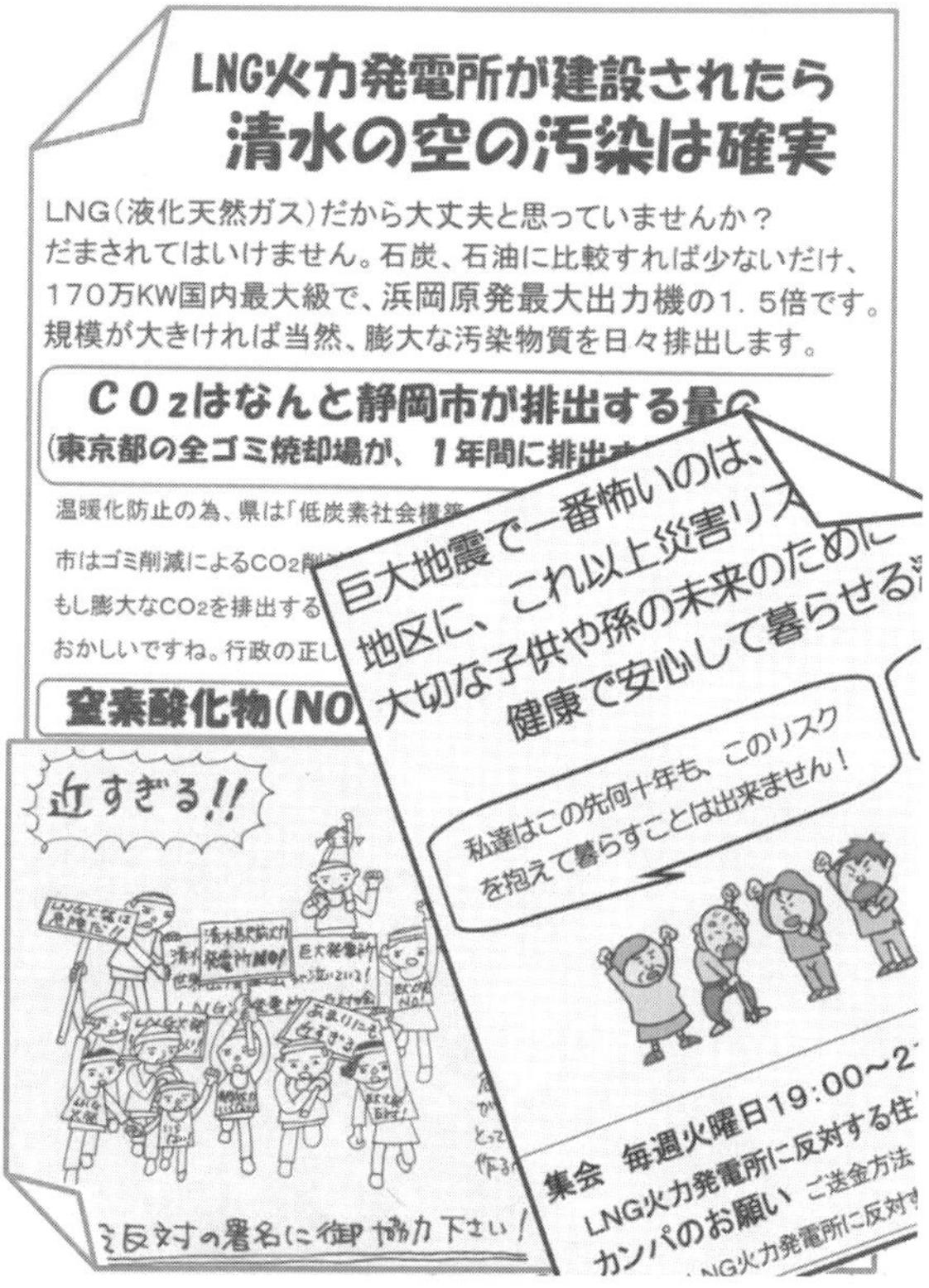

図 2.2.1 市民参加を呼びかけたチラシ

(2)　共塾（ともじゅく）

「反対する会」で始めた勉強会の名称である。「寺子屋」には先生が必要である。私たちの知った事実を知らせ、市民と意見を交わし、共に学び、進展したいのだから先生はいない。そこで「共塾」（ともじゅく）という新語が生まれた。１人でも２人でもいい、少人数の会を何回も続けていこうと取り組んだ。

２０１７年2月に江尻地区伝馬町自治会館から始めて、辻、西久保地区まで計9回行い、総参加者は２０４名となった（図２・２・２）。

開催は、事前に周辺地域に知らせなくてはならない。「発電所の危険性と有害性」を盛り込んだチラシの作成、印刷、ポスティングは、反対運動そのものであったとも言えよう。私たち自身も勉強しつつ、その都度、配布する資料を作り、項目ごとに説明役を決め、内容を検討した。まさに住民運動の原点を実践した。

図 2.2.2 共塾での少人数の勉強会

四　市民に呼び掛ける

(1)　抗議行動

火力発電所建設計画の存在を多くの市民に知ってもらうために、２０１６年６月～２０１８年３月の間に13回の建設反対デモを計画した。うち１回は雨天のため抗議集会に切り替え、１回は台風18号のため中止となった。建設予定地に近い辻、江尻、浜田、袖師地区で計９回、葵区の中心で２回実行した（図２・２・３）。

横断幕、街宣車を先頭に、参加者が個々に手作りの段ボール・プラカードを掲げ、シュプレヒコール、ビラの配布、そして署名をお願いしながら行進した（図２・２・４）。

２０１８年２月28日にはバスをチャーターして、皇居前のＪＸＴＧ本社に抗議に出掛けた。参加者は50名であった。本社前でスピーカー、チラシ配布で社員、通行人に呼び掛け、本社屋内で建設中止交渉を行った。

２０１８年３月25日に予定していたデモの前日に発電所建設計画が撤回となった。25日のデモは「建設撤回ありがとうデモ」として実行された。袖師・横砂地区をありがとう、ありがとうと叫びながらのデモ行進であった。11回のデモの参加者総数は延べ１２００名を超えた。

(2)　チラシの配布

建設計画の問題点、その可否を地元（袖師・辻・江尻地区）だけでなく、一般市民に判断してもらう手段として、街頭でのチラシの配布とともに各戸を回ってのポスティングを行った。企業は市民の安全、健康より利益を優先しがちで真実を伝えない。一例を挙げれば、事業者は、窒素酸化物の排出は、環境基準値をクリアしていると説明していたが、測定地点は８ｋｍ離れた葵区の千代田小学校であった。こうした真実を分かりやすく正確に伝えるチラシ作成に時間を割いた（図２・２・５）。その反響は大きく、江尻伝馬町自治会の反

図 2.2.3 デモ行進の呼びかけ

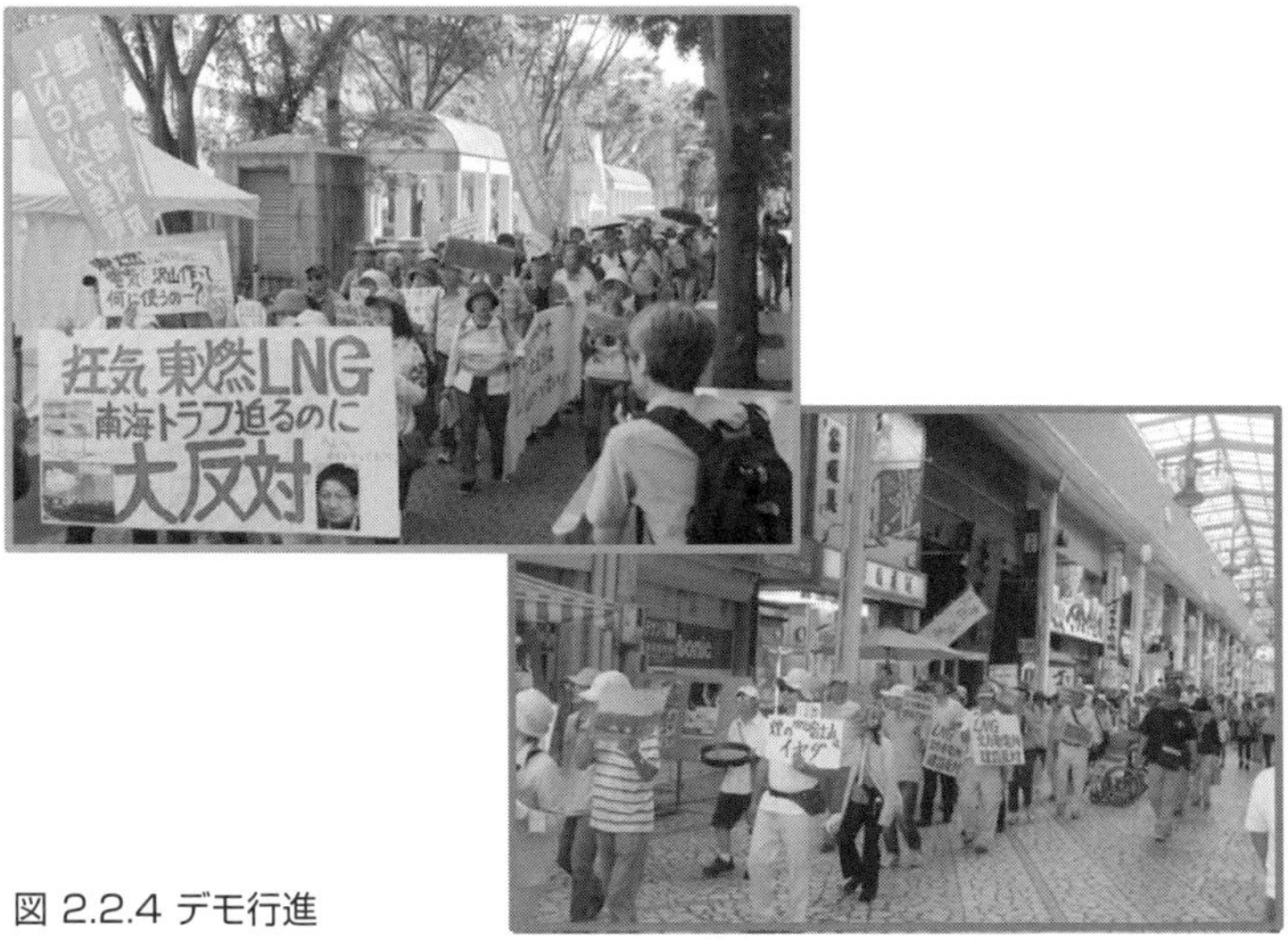

図 2.2.4 デモ行進

対決議につながった。担当者の周到な準備は特筆される。チラシをポストに入れやすくするため、年老いた母と一緒に半分に折ってくれた方もいる。そうした細やかな配慮のお陰で配布回数は飛躍的に増えた。薄暗い早朝や夜間は、ライトを持って郵便受けを探し、障害物につまずいてしまう場面もあったが、配布回数は30数回を数え、チラシは10万枚を超えた。

(3)　街宣車で呼び掛け

２０１６年10月～12月、17年1月～2月、18年1月～2月にわたり街宣車での呼び掛けを行った（月5回～6回）。「民主商工会」の街宣車を借り、運転手、同乗者2名以上で江尻、辻、袖師、浜田など建設予定地近隣地区を中心に毎回2時間ほど巡回した。建設計画の無謀さをスピーカーから訴え、デモ行進、講演会、学習会等の開催を知らせた。

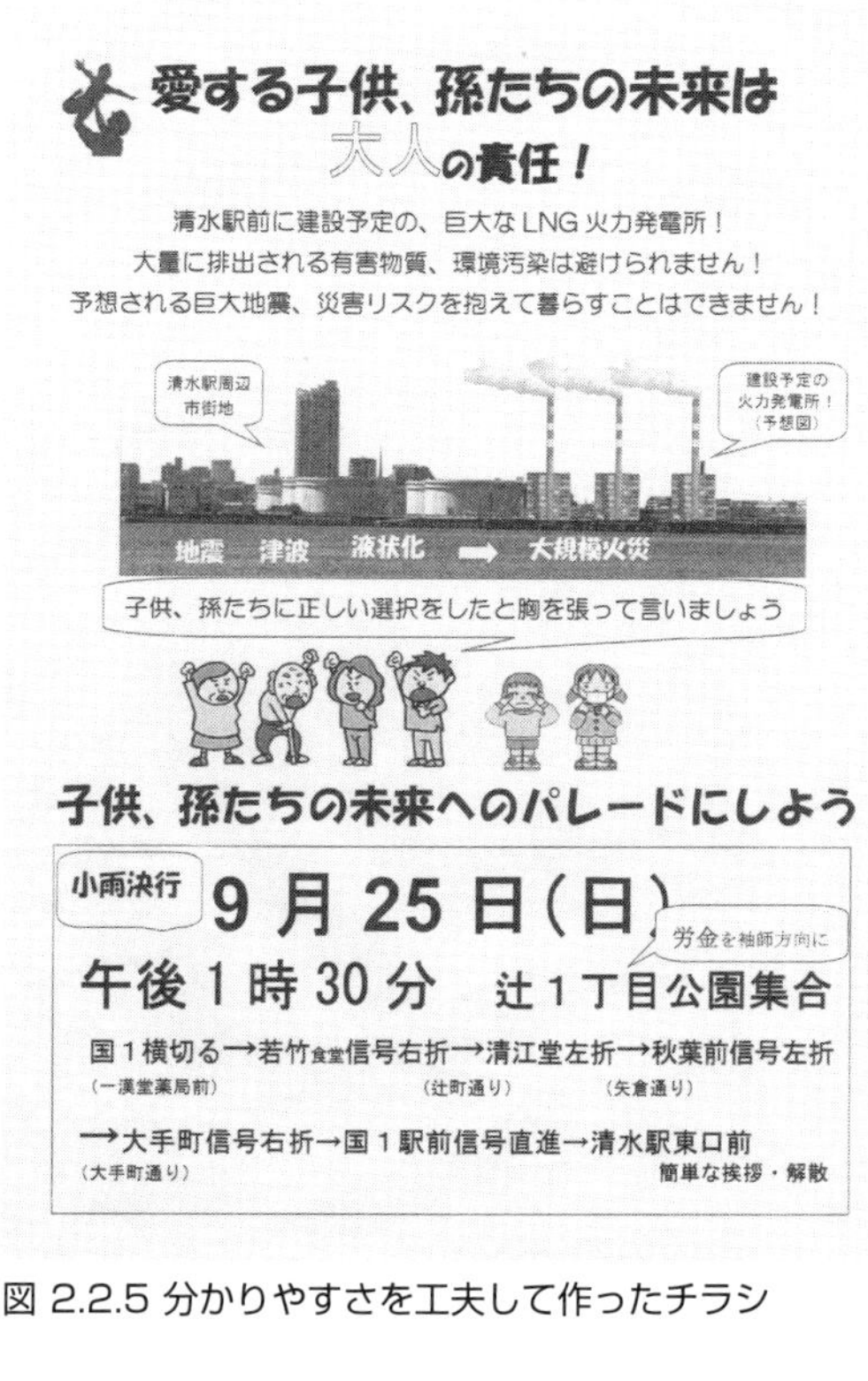

図 2.2.5 分かりやすさを工夫して作ったチラシ

(4)　写真展とシール投票

２０１６年9月「清水の環境を考える女性の会」が、女性の立場から、ＬＮＧ火力発電所による安全面、大気汚染、景観の悪化を広く市民に知らせようと公共施設での写真展を企画した。

２０１６年の10月3日から23日まで、はーとぴあ清水１階ギャラリーで写真展「清水のいま」を

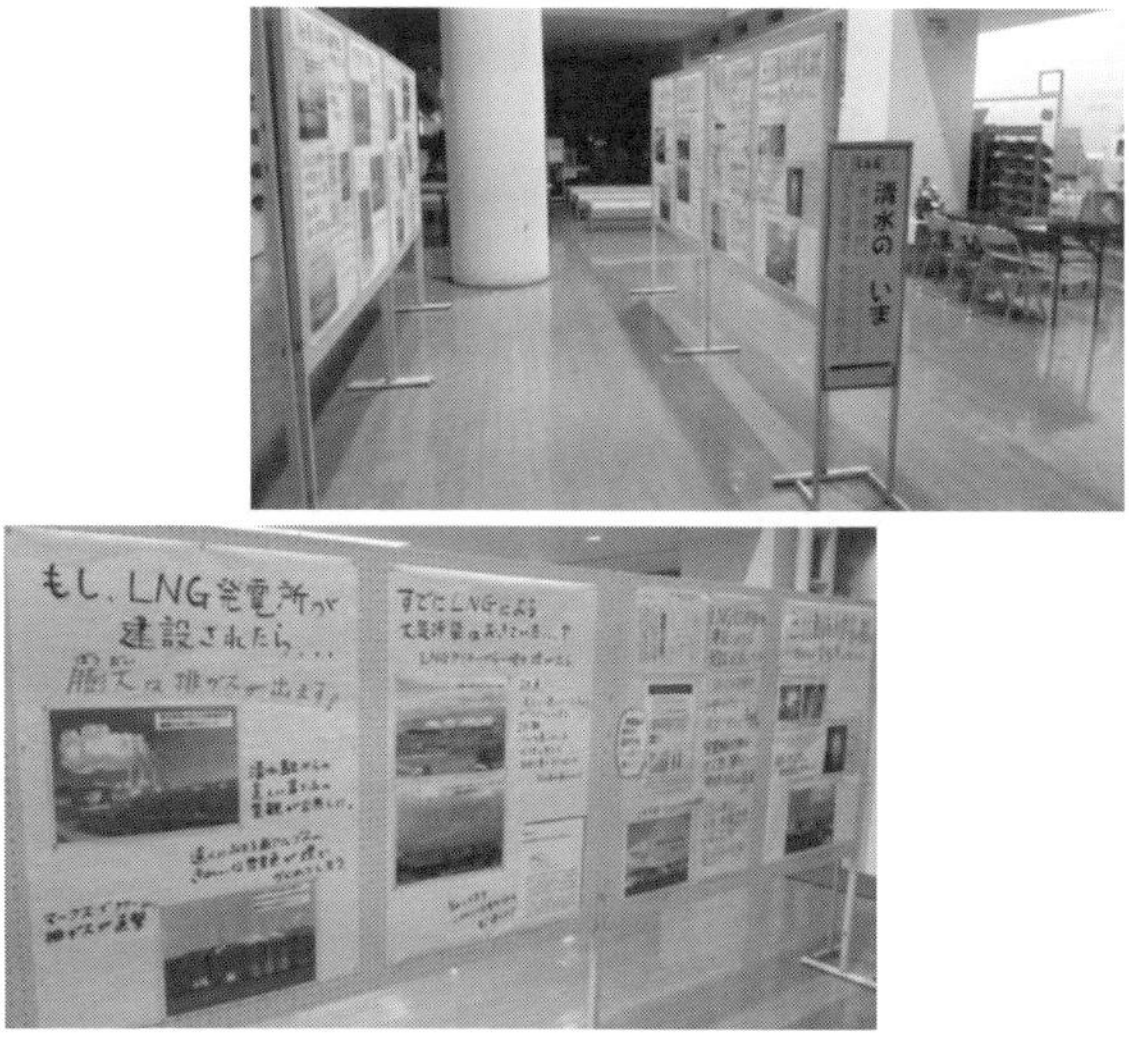

図 2.2.6 はーとぴあ清水での写真展「清水のいま」

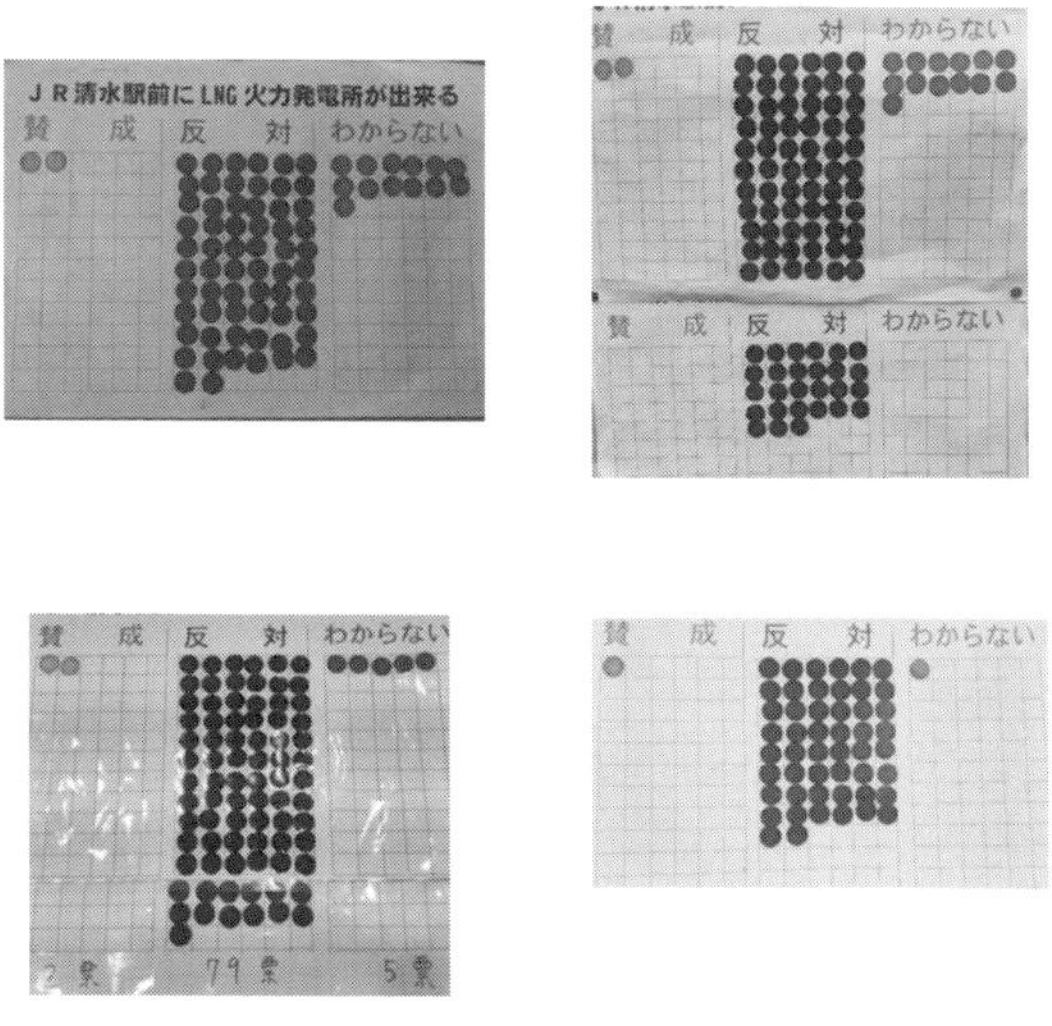

図 2.2.7 シール投票

左上：清水駅前にて（2017年3月19日）
右上：清水駅前にて（2017年4月16日）
左下：はーとぴあ清水にて（2017年5月20日）
右下：秋葉山公園にて（2017年6月15日）

行った。来館者の評判もよく、展示期間を2週間延長した。市民運動が広がっていく発火点になった写真展であった（図2・2・6）。

ハートピア清水での展示終了後、巡回展示が有効と判断して浜田・入江・草薙生涯学習交流館に申し込んだ。しかし、浜田生涯学習交流館に展示後、館長から展示の取り外しを命じられた。弁護士を同道して、その理由を問いただところ、「特定の主張を呼び掛ける内容」との館長の判断があったという。以後、他の交流館でも不許可となった。これまでは、はーとぴあ清水と同様、いずれの交流館も、原発などの社会問題を展示してきているいることを考えると、公正を欠く、まさに特定の立場に偏った判断であった（178頁に詳述）。

子育て中の若い父親、母親に関心を持ってもらうことを目的に、秋葉山公園や県立美術館の駐車場で、また、クルーズ船が寄港する清水港、清水駅前、商店街でも写真を展示した。

写真展に集まる市民を対象に、LNG火力発電所の建設に賛成か反対かをシールで投票してもらった（全4回）。最初は建設賛成が2票、反対が62票、わからないが13票だったが、次には賛成2票、反対79票、わからない5票などと、反対が多くなり、わからないは減り、この問題が市民に浸透してきていることをうかがわせた（図2・2・7）。

写真展では、「あまりにも無関心でいたことを恥じている」「今出来ることを将来のために努力しなければならない」「出来ることをできるところでやるべき」「LNGタンカーの煙突から臭い煙が出るのは知らなかった」「タンカーが来る回数が増えたらマスマスひどくなるね」等の声が聞かれた。

(5)　ブログを発信

火発計画に関心のある個人、グループがその時々の情報、意見をブログによって発信した。

新聞社、テレビ局などに向けた記者会見も一般市民に情報発信する機会として重要だが、そこでは各社の方針に従って、内容の受け止めに差が出てくることは否めない。これに対し、ブログは発信者の意図そのものである。時に独善も交じったとしても、あくまで生の主張である。受け手が主体性を持って読むならば、これほどの情報提供の場はないであろう。次のような実践があった。

①　http://www.facebook.com/choyabaLNG/
「清水ＬＮＧ火力発電所問題連絡会」のブログ。

②　http://simizusanada.blog.fc2.com/
「反対する住民の会」のブログ。

③　http://shimizumam.exblog.jp/
「ｍａｍａの会」のブログである。子どもたちへの影響を心配する若いお母さんたちの感性があふれていた。

④　http://change2011.blog.fc2.com/blog-entry-441.html

隣接する富士市で石炭火力発電所建設反対の運動を進めた人たちの友好ブログである。かつて、製紙工場群による大気汚染を経験した地元住民の反対にもかかわらず、行政の強いバックアップで発電所は建設され、現在稼働している。これらの経験が凝縮されており、今回の火発計画反対運動の貴重な参考となった。

⑤　http://ameblo.jp/yasutake/entry-12182772905.html
http://ameblo.jp/yasutake/entry-12180402566.html
http://ameblo.jp/yasutake/entry-12183008928.html
http://ameblo.jp/yasutake/entry-12194627898.html

これらは静岡市議会議員である安竹信男氏による。安竹氏は市議会議長を務め、「山と町」の代表として、環境を守り育てることが静岡市議会の役割であると主張してきた。選挙区は静岡市葵区だが、清水港を有する清水区はどうあるべきかという観点に立って、火発計画に関わる市議会の役割を啓発した。

⑥　http://blog.goo.ne.jp/matsuya-kiyoshi/e/bd91ae383dc042fd4e9cc78ad076a98c

静岡市議会議員である松谷清氏のブログ。市議会で「緑の党」代表として、森を奪う都市文明から森に寄り添う文明を党是として活動。選挙区は葵区だが、清水の人口集中域での火発建設の不合理性、環境破壊への懸念を議会で追及した。特に2回にわたる市民団体からの請願が議会運営委員会で審議された際には、オブザーバー議員として、的確な質問とコメントによって惰性に終始する委員会審議を叱咤した。

⑦ http://nolng.web.fc2.com/
発電所予定地から５００ｍに位置するマンションの住民のブログ。建設計画の理不尽さをオフィシャルサイトの多くの資料に基づいて、具体的に示した。

⑧ http://ameblo.jp/masatakayukiya/entry-12192304364.html
http://ameblo.jp/masatakayukiya/entry-12162850637.html
http://ameblo.jp/masatakayukiya/entry-12079605795.html
http://ameblo.jp/masatakayukiya/entry-12126201472.html
発電所計画地から２ｋｍに住み、地味でも労働こそ世の中と考えて、政治・経済・社会の情報ブログとして、働く者の本音を発信している「ワーカーズブログ」である。

⑨ https://www.youtube.com/watch?v=yUDQ0OR0KZA&t=101s
発電所建設予定地域で育った作詞者、作曲者、歌手による「まもれ愛しい清水」（１２１頁　図２・２・19を参照）を聞くことができる。それは、集会、デモ行進での愛唱歌となった。

⑩ https://highmaki.livedoor.blog/
清水で生まれ育ったこのブログの発信者は、ブログに、巧みな清水弁で五行詩を謳った（図２・２・８）。

五　請願・署名活動

人口集中域における巨大な火力発電所の建設は、市民・住民の生活を左右する問題であった。

従って、行政、議会、財界に任せるのでなく、市民・住民個人が関心を持たねばならなかった。計画の実態を知り、一人一人が責任を持った行動を求められた。具体的には住民投票、行政指導の要求、民事裁判、議会への陳情・請願などが考えられるが、立ち上がった市民が前へ進むには様々な制約を伴った。

私たちはまず、建設反対に賛同する人の署名を集め、市議会、県議会への陳情・請願に取り組んだ。

２０１５年10月、「反対する住民の会」が、静岡県議会議長宛てに「清水天然ガス発電所建設に反対する請願書」を提出した。２０１６年１月には請願書に添えて提出するため署名運動を開始した。９月20日に６６７１名の署名簿とともに静岡県議会事務局に請願書を提出した（図２・２・９）。しかし環境アセスが市に移行されたことを理由に議会審議はなく、提出された署名簿は返却された。第一章二(2)で記したように、県の立場を考えれば、これは行政として正しい判断であったとはいえない。

清水弁ラップ

なぁんだ　なんずら　清水のお街の　しょくちに
なぁにを血迷ったか　東燃が　いきゃー火力発電　こさえると言い出し
近所のおいらは　ぞんぐらしただ

火ぁ力発電てなんずらか　ちょっくら　おいらも　勉強したね
知ぃれば知るほど　ひでぇはなし　環境は　おぞなって　おとましくなぁる
景観にゃ　いみりはいり　地震がきぃたら　はぜちゃうぜ

清水のまぁちを　どうするつもりだ
こんなの　こさえたら　さびれてくるずら　おぞぉーい　ぶしょたい　清水になっちゃう
おまけに雇用も　増えねぇじゃないか

（後略）

図 2.2.8 清水弁ラップ

2016年2月、「考える協議会」が静岡市議会議長宛てに「清水天然ガス発電所建設計画の中止決議を求める請願書」のための署名を開始した。5236名の署名が集まり、先に返却された6671名の署名とともに、2017年2月16日、静岡市議会に6件の請願書を提出した（第一章四(3)⑤に詳述）。3月9日、議会運営委員会で請願陳述を行ったが、否決された。委員会では、資料六に記したように、市民の請願に真摯な対応はなされなかった。

2017年8月に「富士山静岡スタジアムをつくる会」「清水の将来を考える会」「mamaの会」の3団体が川勝県知事に署名（7424名）を提出した。さらに、「mamaの会」ではインターネット上で631名のネット署名を集めた。

2017年8月に連携組織「清水LNG火力発電所問題・連絡会」が静岡市議会議長宛てに再度、「駅前LNG火力発電所建設計画中止の決議を求める」請願署名を始めた。2018年2月16日、2万5829名の署名を添えて市議会議長に請願書を提出した（第一章四(3)⑦に詳述）。前年に続く再度の請願だったが、2月21日、議会運営委員会において、前回と同様、十分な審議のないまま否決された。その理由も、①環境影響審査会が審査をしている②環境影響評価の審査が終了したら判断すると前回と同じだった。この①、②の理由それ自体を心配しての請願であったが、議会はそれを理解することができなかった。理解しようともしなかった。議会は市民の信託を受けた代表である。市民の安全を他人任せにし、先送りするなど無関心であってよいのだろうか。

署名方法は多彩であった。建設予定地周辺の住民を個別に訪問したほか、街頭で、デモ行進の途次、県外の友人からの郵送、インターネット、清水港へのクルーズ船入港時に商店街での写真展を兼ねて、さらに教会で、病院の待合室で協力を訴えた。海外旅行の折などに海外の友人からも署名を集めた。計画発表以来の反対署名は4万5791名に上った。県知事、市長が建設反対を表明し、事業者が計画断念に至ったのは、市

「清水天然ガス発電所（仮称）」建設計画の中止を求める請願書

静岡県議会議長　殿

LNG 火力発電所建設を考える協議会

請願項目：**JR 清水駅前に「清水天然ガス発電所（仮称）の建設が計画されています。**
以下の理由により、貴議会において、建設計画中止を決議されるよう請願します。

1．**我が国最大級の発電所**
浜岡原発５号基の 1.3 倍の火力です。
東日本大震災のように、安全な生活を一瞬で奪う二次災害の元です。

2．**清水区全域に拡がる災害**
大量の石油類を貯蔵している石油コンビナートの真ん中です。
燃料輸送タンカーの転覆、漂流、大火災による災害は清水区全域に拡がります。

3．**静岡市全域のゴミ処理場の 25 倍の排ガス量**
清水駅、商店街、マリナート、河岸の市、お祭り広場は常に排ガスの中となります。
市内全域の住民の健康を冒し、生活環境が悪化します。

4．**漁業を脅かす清水港への排水**
大量の排水は興津川の流量に匹敵します。
閉鎖的な清水港の水質を変え、周辺の漁業を脅かします。

5．**子供たちの世代に無責任な大量の CO_2 排出**
静岡市全体の CO_2 排出量は 1.7 倍に増えます。
地球温暖化対策に逆行します。

6．**景観の悪化と負の経済効果**
風評で地価は低下し、また国内だけでなく海外の観光客も激減します。
地元からの新規雇用はほとんどなく、地域の活性化につながりません。
（詳細は別紙をご覧ください）

図 2.2.9 県議会への請願書

民をはじめ多方面からの署名が大きな力となった。

六　住民意向調査

反対運動を始めてから1年ほど経過しても、あまり盛り上がらず焦りを感じたときもあった。しかし、チラシ配布の際、顔が合い「東燃の発電所反対のチラシです」と渡すと、「ご苦労さん、頑張ってね」と言われることも多く、嫌な顔をされることはほとんどなかった。中には「発電所は必要だ」という人もいた。そのようなときには時間をかけて話し合ったこともあった。ただ、感触としては住民に「反対」の気持ちがうかがえ、声なき声の存在を実感した。

そこで、「声なき声」を調査によって数値化してみることを考えた。対象は全戸が理想的であるが、それは不可能である。私たちの力で可能な範囲で、しかも私たちの恣意的要素が入らないように、統計的手法によってランダムに訪問調査する方法を取った。

まず町名を区画単位にして幾つかを無作為に選択し、該当区画の端から順に漏らさず各戸をしらみつぶしに訪問した。留守の家もあったが、1区画で有効データが30以上になるよう努力した。基本的に2人一組で訪問した。1戸のデータを得るのに話し込んで、30分以上もかかったり、1区画で何日もかかったりした。きつい活動だった。しかし、調査はいろいろな意味で一番強い運動だから頑張ろうと話し合い、くじけることはなかった。

最初、「反対する会」が、江尻地区から調査を始めた。東燃から自治会への根回しが徹底的に行われ、「反対」「賛成」がかなり拮抗しているかもしれないと予想していたが、結果は驚くべきものだった。「建設反対」が圧倒的に多く、次が「わからない」、一番少ないのが「賛成」だった。非常に勇気付けられた。２０１7年1月、この結果を各方面に配布した。

その後、種々の活動に明け暮れ、半年ほど経過し、「考える協議会」が加わって辻地区の意向調査に入った。辻地区も自治会がこの事業に関して無干渉の姿勢が強く、どのような結果が出るか全く予想は付かなかった。しかし、結果はさらに驚くべきものだった。江尻地区よりも、発電所についての知識が浸透し、「わからない」が減少しその分「反対」が増えた。運動の積み重ねが時間の経過と共に成果となって、また現れた。7月7日、この結果も各方面に配った。

9月14日､事業者である「JXTGエネルギー」が、準備書提出を1～2年遅らせると発表したので、調査はいったん止めた。しかし、12月、事業者が、地元有力者に「袖師、横砂は押さえたので発電所を建設しますのでよろしく」と動いているとの情報が入る。信憑性があり、「準備書が出される」と強い危機感を抱いた。なぜなら、そこは意向調査をしていない地域だったからである。

直ちに、翌年（2018年）1月早々から、西久保、袖師、横砂の調査を開始した。江尻、辻、西久保、袖師、横砂の全地区での結果は、建設賛成が59戸（5%）に対して、建設反対は699戸

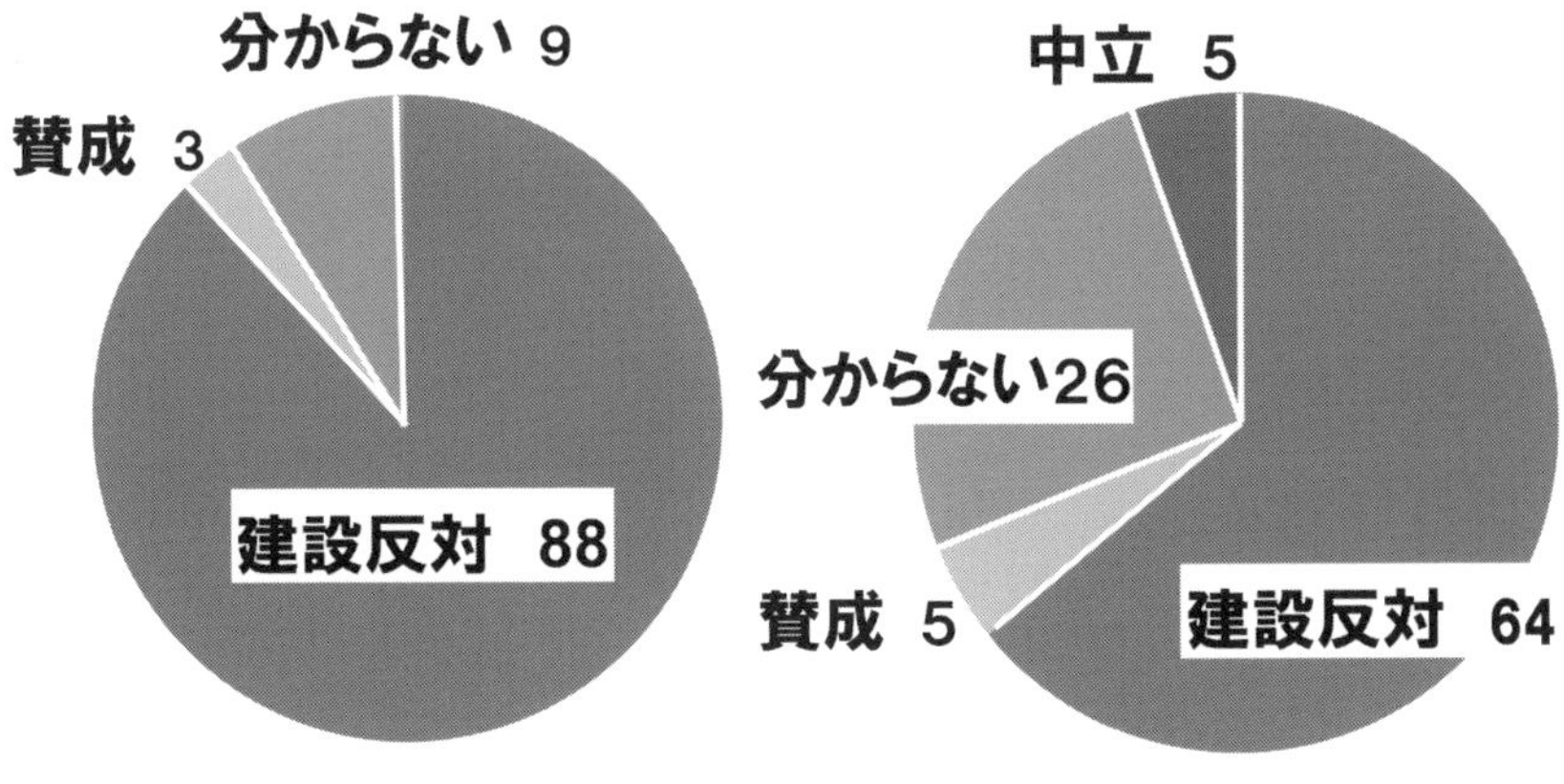

図 2.2.10 住民意向調査結果（%）
右：江尻、辻、西久保、袖師町、横砂の全地区での調査（1102世帯）
左：伝馬町自治会による伝馬町住民調査（99世帯）

（64％）となった（図2・2・10右）。さらに、同様の調査を伝馬町自治会役員会が独自に伝馬町住民を対象に実施した（図2・2・10左）。東燃を取り巻く全地域の人たちの圧倒的多数が「建設反対」であることが明白となった。

これらの結果を1万部、全地域に全戸配布（ポスティング）した。事業者の「袖師、横砂は押さえた」という言葉は木っ端みじんに打ち砕かれた。事業者が「押さえた」と言ったのは実は自治会長だけのことだった。

七　議員アンケート調査

市議会は市民を代表する議員によって構成されている。しかし、議員は各会派に所属し、第一章四(1)で記したように、会派の決定に従う。では、議員一人一人の考えはどうなのか。それを知るためにアンケート調査を実施した（66頁　表2・1・2）。火力発電所の建設の是非については、個々の議員の考えに基づくべきで、党派に縛られるものでないと考えたからである。

アンケートの質問内容は資料九に記したように、火力発電所の稼働により、清水の街の環境、市民の暮らしがどのように変わると考えているかを問うものであった。

2016年7月6日、市議会事務局で、各議員にアンケート調査票を渡してもらう方法を取った。しかし、議員の一部からクレームが出たので、議員の自宅に郵送する形に切り替えた。

この調査の折、受け取りを拒否されたことから、事務局長宛てに20項目の質問を添えて抗議文を提出した。しかし、事務局からは通り一遍の回答が返ってきただけであった。

この7月アンケートでは市議会議員47名のうち回答はわずか9名であった。そこで、4カ月後（11月30日）に質問の視点を少し変えて第2回目を実施したが（資料九(2)）、回答は11名、内訳は建設反対8名、賛成3名であった。

回答の中には巨大火力発電所が人口集中域に建設され、市民生活に影響を与えることを十分に認識しているとは到底思えないものも見られた。ただ、議員としてそれぞれ個人の考えに基いて、真剣に考えてくれていた。その点で言えば、一定の望みを抱かせるものであった。

しかし、これらの議員を除いた36名は果たして市民代表として、役割を果たしているのか、疑問を抱かざるを得なかった。

この結果（火発建設に対する議員の態度）については、全市民に報告するべきであったが、内容の表現によっては市民と議員の対立をあおりかねないことを考慮して、一定地域でのビラ配布にとどめた。

２０１７年5月の県知事選に際しては、市議会議員へのアンケートと同じ主旨で、候補者全員（3名）の選挙事務所に出向き「清水天然ガス火力発電所建設計画について」のアンケートをお願いし、後日回収した（資料十）。

さらに10月には衆議院立候補者（静岡1区4人、4区3人）へのアンケートも同様に実施した（資料十一）。7人中6人が「火発建設は妥当でない」、1名が「現職大臣のため答えを保留」と回答した。大臣であるゆえに回答ができない具体的な理由は付けられていなかった。識見の高い大臣でも、市民生活に直接関わる問題と政治問題とを混同してしまっていると感じた。

八　ウメノキゴケで環境調査

ウメノキゴケとは漢字表記で「梅の木苔」。苔（こけ）と書くが、苔とは全く別物の地衣類という生物である。苔は植物だが、ウメノキゴケは菌類（カビやキノコの類）と光合成をする藻類が共生したものである。梅の木に着生することが多く、この名があるようだが、海岸のクロマツや平地のサクラ、スギの樹皮上、岩の表面、古い墓石、石碑などにも着生する（図2・2・11）。形は扁平で色は灰緑色または灰青色、裏は暗褐色である。根は無く、養分は雨水と大気と日光から得ている。従って大気汚染には極めて敏感である。ウメノキゴケは、二酸化硫黄や窒素酸化物の量が年平均で0・

02ppm以上の場所では衰退すると考えられている。そこで、ウメノキゴケは大気汚染の指標生物として利用することができる。ただしウメノキゴケが無いから大気汚染が進行しているとは言い切れない。墓地などの場合、単に掃除が行き届いている結果ということもあるからだ。

２０１７年8月5日、市民有志が三保の松原、羽衣の松に集合した。この日がウメノキゴケによる環境調査のスタートである。指導していただいたのは静岡市在住の地質学者で、㈱サイエンスの技師長の塩坂邦雄工学博士である。

羽衣ホテルの庭園を散策した後、松原の歩道を歩いた。ウメノキゴケはいくつも見つかった。

塩坂先生の提案で、ウメノキゴケによる環境調査を行うことになった。観察ポイントを2万５０００分の１の地形図にプロットすれば、清水区を中心とした大気汚染状況が把握できる。メンバーには30数年前、東燃コンビナート増設反対の住民運動の一環として実施されたウメノキゴケによる環境調査に参加した経験を思い出す者もいた。

ＬＮＧを燃料とする火力発電では硫黄酸化物は排出しないが、窒素酸化物は大量に排出する。ＬＮＧ火発が稼働すれば、深刻な大気汚染をもたらす恐れがある。ウメノキゴケの分布が30年前に比べて縮小していたなら、大気汚染が進んだことを意味し、増えているなら、改善を意味する。

９月から10月の約2カ月間は墓地を中心として45地点以上を目標に調査を行った。目視により「たくさんある」「ある」「わずかにある」「ない」の4段階に分けて評価することにした。観察地点が偏らないように、所在地、墓地の有無を一覧表にした。11月4日で観察地は52地点になった。調査参加者は13名であった（資料八）。

ウメノキゴケが「ない」は5地点で全体の９・6％であった。ただし、5地点のうち2地点は古い墓石がなく、52分の3とすると5・8％であった。「たくさんある」「ある」「わずかにある」を合わせると、90・４％に上り、清水区の大気はかなり良好であると考えられた。

図 2.2.11 ウメノキゴケ調査
2017年8月5日、静岡市清水区三保園ホテル前庭にて
→がウメノキゴケ

２０１７年12月15日、はーとぴあ清水に塩坂先生を招いてウメノキゴケによる環境調査報告会を開催した。１９７０年代前半では都市部の大気汚染は深刻であったが、政府、地方自治体、民間企業の努力により80年代には大幅に改善された。それには、ぜんそく患者の裁判や住民による公害反対の住民運動が大きな力となったことは言うまでもない。その後、工場からの大気汚染よりも車の排ガスが問題視されるようになったが、これも車メーカーの技術開発の努力によってかなりの改善が見られた。これらの努力の結果得られたクリーンな大気をＬＮＧ火力発電による窒素酸化物で汚すことは許されない。これが私たちのウメノキゴケ環境調査活動で得られた結論である。

郷土のクリーンな大気が未来にも保たれ、ぜんそくで苦しむ子どもや高齢者が一人でも少なくなることを願うばかりである。

九　市民の啓発

⑴　講演会

①　講演「ＬＮＧ火力発電所の危険性」

２０１５年５月22日、江尻生涯学習交流館において、小川進・長崎大学教授による講演会が行われた。小川教授は清水港を対象として、LNGが漏れた時のシミュレーションを行っている。それによると、LNG火力発電は南海トラフのような巨大地震では、発電所から4km半径の範囲は延焼し、6km半径の範囲は人が近寄れないという（32頁　図1・4・3）。「清水の将来を考える会」が主催した。参加者は89名であった。

②　市民フォーラム

火力発電所建設計画は将来の清水港、静岡市に大きく影響する。市民、議会、行政が一体となって禍根を残さないよう検討すべきである。そのように考え、「清水の将来を考える会」が主催して、「市民フォーラム」を3回開催した。

第1回は2016年7月13日、清水マリナートで、「巨大な火力発電所　街の姿、子どもの未来はどう変わる!?」と題して行い、発電所稼働による環境への影響等を市民に解説、啓発した。パネラーは川口良子氏（元静岡県環境審議会委員）、松田義弘氏（元静岡県港湾審議会会長）、司会は映像ジャーナリストの藤木八圭氏。参加者は250名（図2・2・12）。

第2回は2017年3月11日、清水テルサにおいて、「より良い清水を創ろう　街の姿と子どもに未来はどうなる⁉」と題して実施した。パネラーは川瀬憲子氏（自治体問題研究所副理事長）、川口良子氏（元静岡県環境審議会委員）、土居英二氏（静岡大学名誉教授）、高木由美氏（清水火力発電所から子どもを守るmamaの会共同代表）、司会は佐塚元章氏（元NHKアナウンサー）。参加者は190名（図2・2・13）。

第3回は2017年7月13日、静岡労政会館で、「驚きの火力発電所計画　葵区&駿河区へも大気汚染の恐怖が‼」と題して実施した。パネラーは松田義弘氏、石川千秋氏（YRPユビキタス・ネットワーキング研究所員）、川口良子氏、白鳥芙実氏（清水火力発電所から子どもを守るmamaの会共同代表）、司会は中村彰男氏（清水の将来を考える会）。参加者は150名。

③　講演「驚きの火力発電所計画」

２０１７年７月28日、清水テルサにおいて、環境影響評価を専門とする塩坂邦雄氏が、「どうなる東燃火力発電所」と題して、清水の人口集中域に計画されているＬＮＧ火力発電所の環境影響評価に関する諸問題を解説した。「清水の将来を考える会」が主催し、参加者は１６０名。

④　講演「事業地直下の活断層」

２０１６年８月８日、はーとぴあ清水において、「清水まちづくり市民の会」が主催して、新妻信明・静岡大学名誉教授が、「活断層について」と題して（参加者33名）、また、10月23日に、「事業地直下の活断層」（参加者80名）と題して講演した。

新妻氏は、草薙断層、麻機断層についての研究

図 2.2.12 講演会チラシ

図 2.2.13 市民フォーラム

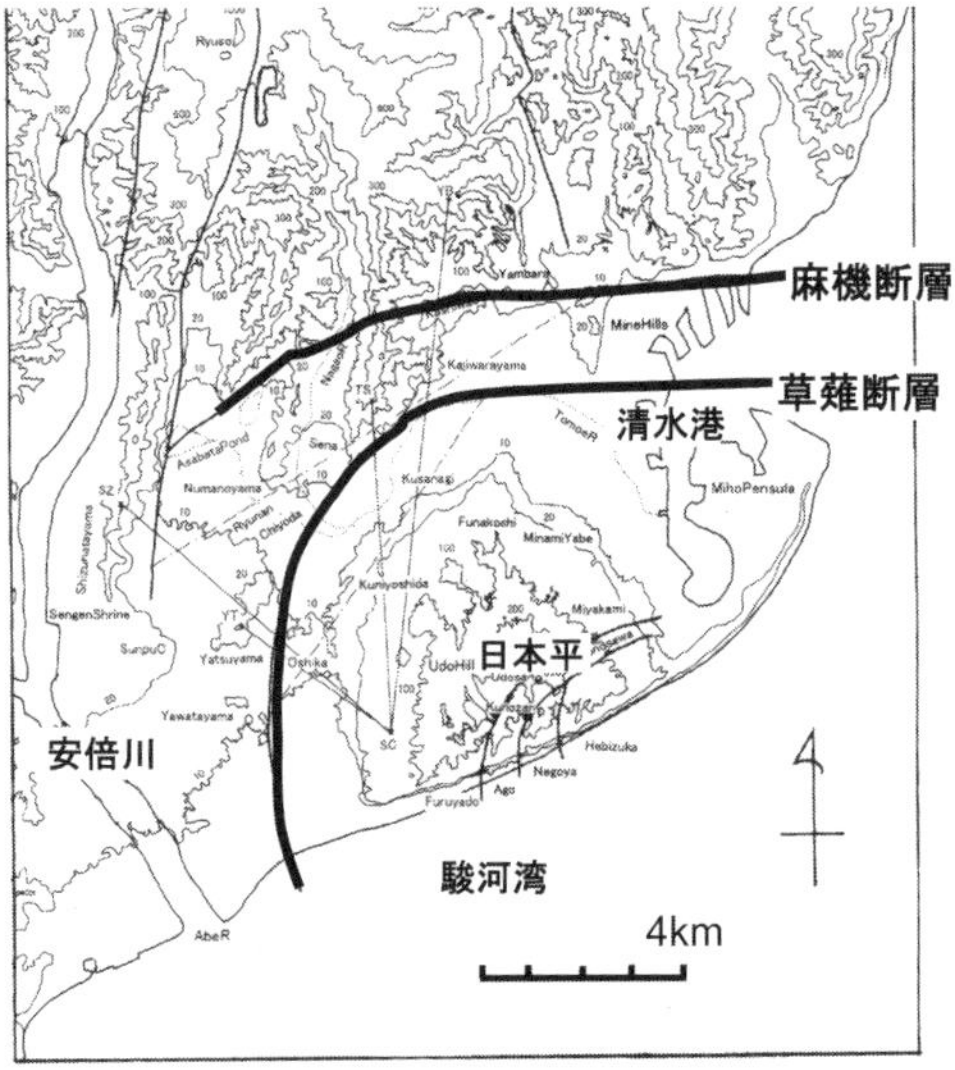

図 2.2.14 草薙断層　　新妻信明（2001）より

（例えば参考文献2・2・2）を紹介し、草薙断層は活断層であり（図2・2・14）、建設予定地直下につながっているとした。南海トラフ巨大地震では、震源の真上に位置する清水では、10m以上の津波が襲うと予想され、巨大火発建設の危険性を指摘した。

なお、これに対して、市の危機管理課は、「可能性を指摘したものに過ぎない。断層が見つかっても建設を禁止する法的根拠はない」としている。さらに、「市独自に調査、検討する予定はない」とし、市民の安全を積極的に守ることが危機管理であるという認識は全く見られなかった。

⑤ 清水駅東地区・再検証プロジェクト会議

火発計画が耳目を集める中、世界の美港として、静岡県の顔となる清水港、そして世界遺産を有する清水の未来100年をどのように構築していくことができるのか。あるべき清水の設計図を示し、地方行政、国、企業を動かしていくためにも、各界の知恵を結集するべきであるとして、田島慶吾・静岡大学教授（清水駅東地区・再検証プロジェクト）が代表となって、2017年2月10日、清水テルサで意見交換を行った。静岡、清水地域の企業人、議会人、学識者ら25人が参加、司会は上田紘司氏（清水の将来を考える会）が務めた。

⑥ 講演「経済波及効果の検証」

静岡市（行政）は、火力発電所建設による効果を期待して、八千代エンジニアリング株式会社に経済波及効果に関する調査を委託した（参考文献1・4・1）。この内容を精査した土居英二・静岡大名誉教授を招き、2017年4月13日、はーとぴあ清水で検証報告会を行った。土居教授は「報告書に記されたものは静岡市以外への経済波及効果が大半を占めている。特に、負の経済効果が全く考慮されていない」と論評した。

⑦　**小野弁護士と語る会**

小野森男・元静岡県弁護士会長は、LNG火力発電所計画に関し、以下の項目を取り上げ、2回にわたって、市民に語った。

＊LNG火力発電所が稼働すれば、津波による二次災害で清水市街の中心部が爆発炎上する危険がある。

＊大気汚染など健康被害の危険がある。

＊火力発電所は地元清水に経済的利益をもたらさない。

＊火力発電所は地元清水に賑わいをもたらさない。

＊火力発電所は世界遺産である富士山・三保の景観を壊す。

＊清水に賑わいと恵みをもたらさない工場・煙突が数十年間もの間、清水の要所に固定することは静岡市のためにならない。

第1回は「激論‼どうする　清水の火発　清水の100年先は？後世に残すべきものは何か？」と題して、2017年4月27日、清水テルサで実施。主催は「清水の将来を考える会」、参加者は180名。

第2回は「どうする　清水の未来」と題して、2017年9月12日、清水マリナートで実施。主催は「清水の将来を考える会」、参加者は190名。

⑧　**講演「自然再生エネルギーの重要性と清水」**

2017年5月14日、清水テルサで、鈴木政彦氏（グローバルエナジー社長）が講演した。清水では、危険性の高い巨大なLNG火力発電ではなく、環境的影響を考慮した自然エネルギー、ベルシオン式風車による発電が有効であることを実験結果に基づいて報告した。主催は合同連絡会。参加者は130名。

⑨　講演「みんなで語ろう！清水の将来・街づくりについて」

2017年8月26日、はーとぴあ清水で、川口良子氏が、まちづくり・地域づくり活動支援サポーターの立場から、「清水港は国際クルーズ船の拠点港であるのに、発電所の煙突は適切でない」とし、計画されているLNG火力発電所の土地利用など、清水駅を中心とする将来のまちづくり構想を解説した。主催は合同連絡会、参加者は60名。

⑩　パネルディスカッション「明応地震津波と清水」

2018年5月13日、はーとぴあ清水で、阿部郁男・常葉大学教授が社会環境工学の立場で、明応地震津波の仕組みと今想定されている南海トラフ地震津波を比較し、災害を100％事前に想定することはできないと説いた。520年前、清水は明応地震津波に襲われた。清水で想定される津波災害はこの明応地震をモデルとすべきと語り、パネリストの椺田民夫氏、川又登氏、眞田宏幸氏（以上は清水まちづくり市民の会）、真鍋明宏氏（ふじのくに防災士会）と論じた。司会は松田義弘氏（東海大学名誉教授）。主催は「清水まちづくり市民の会」。参加者は85名。

⑵　セミナー

小村隆史・常葉大学准教授は2012年以降、静岡県、常葉大学を拠点として、自然災害防止の市民セミナー（DIGセミナー）を主宰している。セミナーでは市街地における自然災害に関する講義とともに、拡大地図上での演習（DIG）、実地踏査、研修、意見交換を通じて、市民を啓発し、市民自身の都市計画への参加を目指している。2017年3月（静岡県地震防災センター）、7月と10月（はーとぴあ清水）のセミナーでは真鍋明宏氏が「ＬＮＧ火力発電所建設の問題提起」をテーマに、清水の過去、現在を振り返り、将来のあるべきまちづくりについて講演した。参加者は毎回50名ほどであった。

（3）　意見広告

静岡新聞に3回にわたって、富士山静岡スタジアムを作る会（代表：小野森男・元静岡県弁護士会会長）が半ページの意見広告を掲載した。

第1回（２０１７年7月23日）は、「火力発電所建設に反対します」として、火力発電所建設による環境、景観のデメリットとともに、経済的にもメリットはない点を指摘し、「ふじのくにのこの地には、国際標準のサッカースタジアムが最適である」と主張した（図2・2・15）。

第2回（同8月6日）は、「火発計画を阻止し、市民を守る」として、政治、行政の責任、活断層の危険性、排ガスの危険性を記し、火力発電か富士山静岡サッカースタジアムかの選択を市民に迫った。

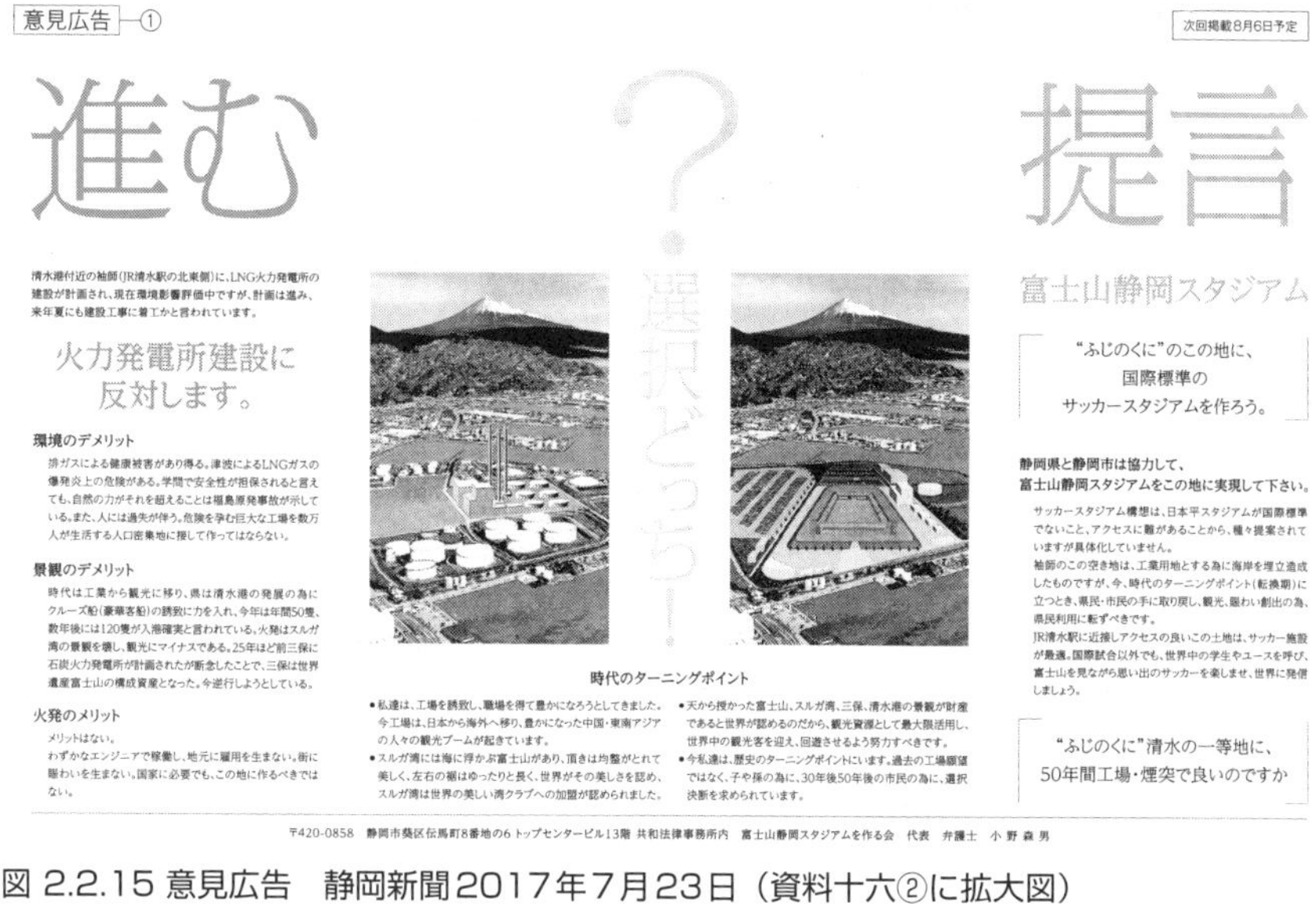

図 2.2.15 意見広告　静岡新聞2017年7月23日（資料十六②に拡大図）

第3回（同8月20日）には、火発建設に反対を表明した県知事、静岡市長に感謝し、国際クルーズ船が寄港し、世界遺産・富士山を望んで市民が憩うサッカー場への発想の転換を提言した。

(4)　新聞評論

静岡新聞「時評」に松田義弘・東海大学名誉教授が16回にわたって火発計画に関する意見を述べている。計画が、国の定める「環境影響評価法」によってまず住民の生活環境の保全の立場で審査されるべきであること、法律が最近改正され、静岡市にとっては、政令市として初めての審査で、十分に慣れていないこと、さらに事業者はもちろん、国、市等の行政も住民の生活環境の保全よりも地域経済の発展を優先しがちであることなどを環境影響評価になじみの薄い一般市民に解説した。そして、「市民は、事業者だけでなく行政に積極的に市民の健康な生活、安心・安全を主張せねばならない」と述べている。

(5)　冊子を頒布

①　**「私たちの見解」**

２０１６年5月に事業者は、市議会の各会派、計画地周辺の自治会長に13ページの「清水天然ガス発電所（サマリー版）」を配布し、発電所建設に理解を得たいと説明に巡回した。しかし、内容は断片的であり、特に、発電所建設のメリットのみを誇張し、市民生活に影響する大気環境の変化、安全に関しては教科書的な一般論を紹介しているだけである。経済効果に関しては数行の記述にとどまる。地域に寄与、貢献するとしているが、それは多くは市外、県外に対するものであった。

そこで、同年8月、「考える協議会」「住民の会」「マークスの会」の三者が共同して34ページのパンフレット「清水天然ガス発電所建設計画についての私たちの見解」（サマリー対応と略す）を作成した（資料二）。左ページに事業者作成の文章・図表を置き、右ページにその虚偽表現、問題点を対応させて記述、説明した。

例えば、サマリー（左ページ）には、「最新型ＬＮＧ発電のCO_2排出はこれまでの値よりも40％少ないクリーンな方式です」とある。確かにＬＮＧ発電ではCO_2の排出割合は少ない。しかし、その総排出量については触れていない。そこで右ページにおいて、「巨大な発電量だから、総排出量は膨大となり、静岡市全体で現在発生している量の70％となる。すなわち、静岡市全体が現在の1・7倍のCO_2に覆われることになる」と指摘した。

　また、サマリーには、「安全、健康、環境の確保は操業の大前提であることを常に認識し、緊急・通常時の安全対策を実施する」とある。「電気事業法、消防法などに基づき設計します」とも書かれている。しかし、これは、どんな小さな事業でも遵守すべき当たり前のことで、事業所内部の安全を維持するための規定（法）である。計画は事業所の周囲の環境、市街地の市民生活に大きく影響するので、特に「環境影響評価法」が適用される特異な規模のものである点を説明していない。肝心の対策について全く記載されていないことを右ページで指摘している。

　この「サマリー対応」は県、市の行政、県・市議会各会派、周辺自治会、地域住民に配布した。

②　**「七つの不都合な真実」**

　2016年9月、「住民の会」「マークスの会」「清水駅前ＬＮＧ火力発電所建設に反対する連合会」が清水区民の立場から、「東燃清水天然ガス火力発電所についての7つの不都合な真実」（資料三）を作成し、行政（県、市）、議会（県、市）、事業者、自治会、地域住民に配布した（図2・2・16）。

　清水の人口密集地にＬＮＧ火力発電所を建設することの意味を説明し、市民の立場で評価した。内容は以下の7項目に分かれている。

＊東燃が清水にガス火力発電所を建設する目的と理由についての不都合な真実

＊環境1　東燃の環境アセスメントについての不都合な真実

＊環境2　清水天然ガス発電所が排出する二酸

化炭素についての不都合な真実

＊環境3　清水天然ガス発電所が排出する窒素酸化物についての不都合な真実

＊安全1　清水天然ガス発電所と地震対策についての不都合な真実

＊安全2　清水天然ガス発電所と津波についての不都合な真実

＊景観　清水天然ガス発電所と景観についての不都合な真実

それぞれについて詳細に解説し、「東燃清水天然ガス発電所について知っておきたい真実」として、以下のようにまとめている。

第一に、東燃は慈善団体でも、環境保護団体でもない営利企業である。その目的は企業利潤、株主利益である。東燃は地元のわずかな人々への小さな利益と引き換えに、企業コストの節約になるという理由だけで、清水の人口密集地に発電所を建設しようとしている。発電所がもたらす「負の効果」を被るのは地元の人たちである。

第二に、東燃の環境アセスは東燃にとって都合のよい情報のみを与え、発電所の近隣での大気汚染の可能性や、建設予定地が埋め立て地であった

東燃清水天然ガス火力発電所についての
7つの不都合な真実

（写真は作成者によるCG）

はじめに。「人口最密集地域にガス火力発電所建設の意味」

東燃ゼネラル石油（株）（以下、東燃）は電力自由化をビジネスの好機と見、「安全で、効率的な液化天然ガス(LNG)火力発電所」を清水の人口最密集地に作ろうとしています。これほど巨大なLNG火力発電所の人口密集地での建設は世界でも類をみません。東燃は清水天然ガス発電所（仮称）の意義、安全性、環境への影響等についてパンフレット「清水天然ガス発電所（サマリー版）」(以下、「サマリー」)を作成し、市・県会議員、自治会役員、住民に説明会で配付しています。このパンフレットは「サマリー」を中心に、区民の立場に立って「清水の人口最密集地にガス火力発電所を建設する」ことの意味を説明、評価するものです。

内容

1．東燃が清水にガス火力発電所を建設する目的と理由についての不都合な真実　p.2
2．環境①　東燃の環境アセスメントについての不都合な真実　p.4
3．環境②　清水天然ガス発電所が排出する二酸化炭素についての不都合な真実　p.6
4．環境③　清水天然ガス発電所が排出する窒素酸化物についての不都合な真実　p.8
5．安全①　清水天然ガス発電所と地震対策についての不都合な真実　p.10
6．安全②　清水天然ガス発電所と津波についての不都合な真実　p.12
7．景観　清水天然ガス発電所と景観についての不都合な真実　p.14
◎　東燃清水天然ガス火力発電所について知っておきたい真実　p.16

図 2.2.16 東燃清水天然ガス火力発電所についての7つの不都合な真実（資料十六③に拡大図）

ことについては沈黙している。環境アセスには「安全」項目を入れ、調査せねばならない。

最後に、東燃清水天然ガス火力発電所についての真実は「建設しないこと」（根本安全という）である。そうすれば、大気汚染も地震被害も景観毀損も生じない。子どもたちも安心である。

③「東燃ＬＮＧ火力発電は危険すぎる！」

「反対する住民の会」は、２０１５年10月、清水ＬＮＧ火力発電所建設計画の危険性を19項目取り上げ、Ｑ＆Ａの形式で24ページのパンフレット「東燃ＬＮＧ火力発電は危険すぎる！」（５００部）で一般市民に分かりやすく解説した（図２・２・17）。さらに、２０１６年５月に４項目を追加して５００部発行した（資料四）。

東燃ＬＮＧ火力発電は
危険すぎる！
あまりにも人口密集地に近い
Ｑ＆Ａパンフレット
清水エルエヌジー㈱左奥LNG地下タンクのふた屋根
発行／ＬＮＧ火力発電所に反対する住民の会
静岡市清水区興津本町松子平 516-27／山梨通夫
電話／054-369-2828　090-3386-3124
清水区辻５丁目 2-27／松永行子　電話 054-367-1317
090-4862-5014（うめだ）18：30〜20：00
図 2.2.17 Q＆Aパンフレット

(6) 新聞に投稿

新聞への一般市民からの投稿は地域の読者の関心を高め、関係者に大きな影響力を与えてくれた。

静岡新聞「ひろば」、朝日新聞「ＶＯＩＣＥ・声」に合計7件の読者からの投稿が載った。清水区の池田茂氏（81歳）は、国内最大級のＬＮＧ発電所の危険性を懸念し、環境影響評価への関心を述べている。清水区の松永行子さんは、発電所建設による生活環境の変化、世界遺産の維持を懸念し、行政に誠実な公正な対応を求めている。清水区の堀口洋一氏は、発電所計画の杜撰さを指摘し、市民生活を守るべき市議会の対応に不安を感じている。駿河区の中村彰男氏は、目先の経済効果に目を奪われることなく、後世から指弾を受けぬ100年の大計を議会、行政に期待し、この地は静岡を活性化するスポーツ施設、サッカー場こそが最適であると提案している。清水区の松永克彦氏は、世界遺産の富士山をはじめ日本平、清水港の景観破壊、建設予定地の環境破壊を憂え、行政に市民目線での対応を訴えている。

(7)　記者会見

一般市民への情報提供は極めて重要である。それには、新聞、テレビなどのジャーナリズムに頼らざるを得ない。

事業者との対話集会、行政との話し合い、講演会の開催、街頭デモなどの前には、記者クラブへの予告、取材を要望し、終了後には記者会見を行った。毎回、数社の取材があった。会見では、市民運動へ一定の理解を示してくれたものの、時には、「反対のための反対運動」との先入観を持っ

図 2.2.18 記者会見

て臨む取材もあり、記事にならないこともあった。ジャーナリズムの公正さに期待は大きかったが、対応の難しさも改めて実感した（図2・2・18）。

⑻　火力反対の歌「まもれ愛しい清水」

今回の運動のために、計画地の近くで育った音楽家、作詞家が手掛けた「まもれ愛しい清水」はデモ行進、集会での愛唱歌となった（図2・2・19）。

まもれ愛《いと》しい清水

1. きみが生まれた　このまち清水　ゆたかな自然　ぼくらは暮らす
ひかる海辺の　さわやかな風　跳ねるさかなと　にぎわう市場
この大好きな　ぼくらの街は　美しい街さ
人は集い　元気にあふれ　永久《とわ》に続く　平和なくらし
願いはひとつ　この街まもろ
まもろう愛しい清水　まもろう美しい清水

2. ガラスの街に　住みたいですか　豊かな空は　泪《なみだ》を流す
折れぬつばさの　若者たちよ　空が希望を　うしなう前に
きらめく星座　見上げる夜空　満天の星よ
富士の峰に　夢をあずけて　星に願おう　しあわせもとめ
子どもと　みらい　暮らしをまもる
まもろう愛しい清水　まもろう美しい清水

3. くらしに近い　子どもに近い　まちに近すぎ　火力発電
空気は汚れて　気温は上がる　こんな危険なものは作らず
街にあふれる　希望を作ろう　誇れる清水を
みんなのまちは　みんなでまもる　作るのやめろ　火力発電
みんなで叫ぼう　子どもをまもれ
まもろう愛しい清水　まもろう美しい清水
人は集い　元気にあふれ　永久に続け　平和なくらし
願いはひとつ　この街まもれ
まもろう愛しい清水　まもろう美しい清水

図 2.2.19 集会での愛唱歌「まもれ愛しい清水」

「ひかる海辺、さわやかな風、跳ねるさかな、そしてにぎわう市場。ゆたかな自然、人は集い、元気にあふれる愛しい清水の街の平和なくらしを永久にまもろう」と唱っている（第二章四⑸⑨）。

⑼　若者の参加

若者の多くは街頭署名に冷淡で、立ち止まることなく通り過ぎる人も多かった。若者の関心をつかもうとシール投票、写真掲示、ブログ発信などを企画し実施したが、残念ながら一緒に活動してくれた若者は少なかった。しかし地元のアーティストによるライブハウスでの「つながろう！音楽で！駅前を緑と花でいっぱいにするライブ」では、火発についてのディスカッションで若者の活発な意見交換があった。

運動に協力してくれた小針進・静岡県立大学教授の紹介で火発計画が撤回後、メンバーは同大学の津富宏教授の講義に招かれ、運動の経緯と経験を若い世代に報告する機会を得た。そこで若者の関心の低さを話したところ、「就職を考えると市民運動に参加する勇気がない」などの意見が聞かれた。

津富教授の講義は、「コミュニティ・オーガナイズィング（身近な社会問題に取り組む市民を育てることを目的とし、欧米で広く用いられている社会運動の手法）」をテーマにした興味深いものであった。3日間の受講では十分な理解はできなかったものの、課題解決のためには、短期・中期・長期の目標を立てること、組織としての人数、資金、場所などの考慮、支援者の確保、ターゲットの明確化が必要であると学んだ。

学生たちと一緒に、「建設予定地の活用」「清水港一帯の防災対策」「清水庁舎移転」について戦略案も作成した。今後の活動に生かしていきたい。

未来を担う世代に自分の住む街の環境を守る大切さをどう伝えたらよいのか、今後の課題であろう。

十　行政との対話

(1)　市民の安全に関する意見交換会

事業者との対話は事業者側が拒否して、実を結ばなかった。市民の安全は行政の責任でもある。しかし、市は、市民の要望を事業者に伝えると言うのみで、積極的な対応を取ろうとしなかった。そこで、本計画による生活環境の変化、市民の安全に関し、市はどのように考えているか、さらに、対話を通して、市民の懸念を市に理解させ、市から積極的に事業者に市民の安全を図るよう要望することとした。

２０１６年5月10日、清水区役所での第１回対話以後、２０１７年10月までの間に計10回行われた。しかし、市は事業者の言葉を代弁するのみで、市自らの積極的な判断、対策は全く聞くことができなかった。

いくつかの例を示す。環境影響評価の不備に対する懸念に対し、環境創造課は「環境影響評価の項目にはＣＯ$_2$は含まれていません」と言い（第一部第五章二、三を参照）、また「現地調査を行わないでもシミュレーションは可能です」と言う（第一部第五章四を参照）。また、津波災害に関する市民の懸念に対し、「津波の何が危険なのですか」と言う危機管理課の逆質問には出席者全員が唖然とさせられた。さらに、岸壁に係留された船舶が津波で陸上に押し上げられ、二次災害を起こすことの懸念に対し、「波は岸壁に沿って動くので、陸に押し上げられることはありません」と言う。東日本大震災の実態を知らないだけでなく、津波の振る舞いに対する科学的基礎知識が無く、日常の風波（表面波）と津波（長波）の根本的な相違（参考文献２・２・３）をも知らない危機管理課であった。

⑵　公聴会に関する意見交換会

静岡市環境影響評価条例第30条には「市長は…準備書について環境の保全の見地からの意見を有する者から意見を聴くため、…速やかに、公聴会を開催するものとする」とされている（注16）。火発計画は静岡市環境影響評価条例が施行されてから初めてで、公聴会はこれまで開かれたことがなかった。そこで、静岡市環境創造課が「静岡市環境影響評価公聴会開催要領」を作ることになった。「合同連絡会」は作成への参加を要望し、意見を交換することができた。

それが「静岡市環境影響評価公聴会開催要領に関する意見交換会」（意見交換会と略す）で、２０１７年６月から２０１８年２月の間に計５回開かれた。記録は抜粋して資料七に記した。

火発計画は今回、環境影響評価準備書が提出される前に事業者が撤回した。このため、公聴会は開催されずに終わった。しかし、今後も諸種の事業計画が予想される。その際にはここで作成した「要領」に従って公聴会が開催されることになる。

意見交換会を通じて、以下に例示するように、市行政が公聴会だけでなく、環境影響評価全般に対して極めて認識不足であると感じられた。

①　条例に記されているように、公聴会は「市長が広く意見を聴くために」開催する。しかし、意見交換会（第5回）では、市民団体の強い要望にもかかわらず、市は「公聴会への市長の出席は多忙のため難しい」とした（資料七⑶）。これはどういうことであろうか。条例を市自らが否定しているに等しい。

②　当初の「要領」案では第10条において、「傍聴人に配布する資料は公述人が印刷し、その費用を負担するものとする」とされていた。第４回意見交換会で、「市が主宰し、市が意見を募集し、その意見を公開するために傍聴者を集めるという公聴会の主旨を全く理解していない」という市民団体の意見に対し、市は、「傍聴者分は公述人が用意してほしいという考えに変わりはない」と答えている。第5回意見交換会で「資料は市が印刷し、費用は市が負担する」こととなった（資料七⑴、⑵、⑶）。これに従って、「要領」も改められた。

市民団体からの要望はほぼ聞き届けられた。「静岡市環境影響評価公聴会開催要領」にはそれらの詳細は明記されていないが、公聴会の開催に際しては、「要領」に従うことはもちろん、5回にわたった市民団体との意見交換会の記録の内容も尊重されることが合意された。

十一　情報公開請求

事業者は一方的な説明をするだけで、計画の詳細を公開しない。しかし、事業者は行政との連絡を密にしている。そこで、県、市に対して、公文書公開条例に則って、情報公開をその都度請求した。県、市に対して行った情報公開要求はそれぞれ17回（51項目）、82回（３２８項目）に達した。さらに、「市民の意見」には37回（１９１項目）、「県民のこえ」には2回投稿した。

これらの情報により、業者からは得られなかった事業計画の内容を一部ではあるが知ることができた。なお、事業計画への市の対応を尋ねたものに対しては、ほとんどが、検討していないという回答であり、検討したとするものについては事業者の計画をオウム返しにしたものであった。いくつか例を記す。

①　**2015年1月9日に東燃の社長が市長室を訪れて市長と面談した内容の公文書公開請求（静岡市経済局産業政策課：2016年3月31日）**

社長：地元の理解がないと袖師地区での事業は進まないと考えている。丁寧に地元対応をすすめていきたい。

市長：市としてその気持ちを真摯に受け止める。

社長：LNGはCO_2削減になる。

市長：防災に寄与できる可能性があると考えている。

社長：経済面での貢献など公共性がある。

この面談から市（市長）が袖師（津波危険域）でのLNG火力発電所の建設に当初から前向きであったと推測できる。

②　**「清水LNG発電所設置に伴う経済波及効果など基礎調査業務仕様書」の資料公開請求（静岡市経済局産業政策課：2015年10月15日）**

目的：本市は「清水港LNG基地周辺への関連産業の立地促進」を掲げている。LNG発電所建設によって雇用や設備投資の面で本市経済にプラスの効果が期待されるので、発電所設置に伴う経済波及効果、排熱の有効活用等について調査を行い、利活用の提案を行う。

この調査は民間企業に委託され、市域外への経済波及効果をも市への経済効果とされ、特に、マイナスの経済波及効果の調査は除外された（第一部第四章二、第二部第二章九⑥）。

③　**事業者の環境調査に対する市の認識についての文書回答請求（静岡市環境創造課：2016年12月9日）**

質問：周辺マンション等への影響を考えた上で事業者は測定点を選んでいるのか。その測定点、および測定ポイント数で大丈夫と静岡市は了承したのか。事業者任せなのか。

回答：事業者が作成した「方法書」に対して経済産業大臣勧告が行われているので、適切に手続きは進んでいると認識している。具体的には、気象状況の現地調査は、地上気象観測を対象事業実施区域1カ所、高層気象観測を対象事業実施区域と押切北公園の2カ所で実施するとしている。二酸化窒素については、半径20ｋｍの範囲内にある常設大気測定局12地点のデータを資料としている。

これらの回答は事業者の説明をそのまま書き写したものであり、市の独自性は全くみられない。

これらの情報公開請求等によって、行政への対応が大きく進んだ。また、事業者が拒んだ情報でも、行政が取得している場合もある。行政を通してこれらの情報を得たことも多い。行政に対する情報公開請求は法で定められている。従って、積極的に、行政に対して情報公開を請求すべきである。

第三章　運動に参加した市民の思い

運動に直接、間接的に関わった市民・住民から3年間の思い、反省、そして清水の将来への期待が数多く寄せられた。次にそれらを紹介する。

「東日本大震災による想定外の被害を見て」

清水区折戸　平岡　茂

私は清水で生まれもうすぐ50年。清水で育ち清水で学び清水で家族を作り、現在は清水区三保で家族4人と愛犬2匹と穏やかに過ごしています。それもこれも清水の暖かい気候、住みやすい環境、治安の良さのお陰だと思っています。

そんな中、妻の恩師から火力発電所建設予定の話を聞き、すぐ頭をよぎったのは「東日本大震災、福島原発事故」でした。全てにおいて想定外と言われたあの巨大地震、巨大津波、そして人災とも言われた原発事故。あの映像を目の当たりにしているのに誰が建設賛成と言うのか。

これから約30年以内に南海トラフを震源に巨大地震が起きる確率は80％だと言われています。もし本当に地震が起きれば清水も地震、津波などによる被害は計り知れないと予想されます。

このような状況の中、もし火力発電所が火災や爆発したときのことを想像すると間違いなく私たちの命はないでしょう。そうなったら誰が責任を取るのですか？　発電所の社長ですか？　市長や県知事ですか？　総理大臣ですか？　誰がどういう形を取ってもなくなった命は戻ってはきません。私と妻の人生もまだまだこれから。子どもの人生は夢と希望に満ち溢れています。犬たちの命も家族同様に尊いです。

私は人類全ての命は助けられませんが、せめて自分の家族だけでも守るために署名をしました。

「民主主義って？　市議会議員の皆さん、教えてください」

清水区　駒澤　利継

市議会議員一人ひとりに「ＬＮＧ火力発電所建

設をどのように思われているのかその考えをお聞きしたい」と心から思い、アンケート調査を実施しました。そのため、「清水の今を考える会」としてアンケート依頼文と質問事項を作成しました（表2・1・2）。

7月にそれらを携え議会事務局に出向き、アンケートの依頼をお願いしました。しかし、市民の思いや願いを受け入れるべきところであるのに、対応してもらえませんでした。そこで、それぞれの会派にお願いに伺いましたが、それもかなわず、直接議員一人ひとりに宛てて郵送することにしました。

内容は、LNG火力発電所が建設され稼働することによって変わる可能性のある清水のまちの環境・市民の暮らしに対し、議員一人ひとりがどのような考えを抱いているかを尋ねるものでした。従って、建設に対する賛否は別にしても、何らかの内容ある答えが返ってくるだろうという淡い期待を抱いておりました。何せ市（区）民に選ばれた議員の皆様でありますから。

しかし、47名の議員のうち返信があったのは、たったの9名だったのです。建設に反対する議員7名から返答はありましたが、建設賛成を意味する内容の返信はわずか2名にとどまりました。

これに懲りることなく、11月末に2度目のアンケートを実施しました（資料九(2)）。返信の数はそれぞれ反対と賛成が1名ずつ増えて11名となりましたが、返信をいただけない多くの議員がこのLNG火力発電所建設をどのように考えているのかをつかみ取ることは全くできませんでした。市民の問いかけに真摯に答えてくれない議員の何と多いことか、と呆れてしまいました。

この間に市議会が開催され、何度か傍聴にも行きました。陳情書や請願書について審議する委員会にも数度立ち会いました。この時の議員の姿勢やその内容については、残念なことに高校生はもちろん、小学生や中学生に見せたくなる内容ではありませんでした。それまでは議会や審議会（委員会）における議員の方々の姿を、いわゆる社会科見学として見てもらえたらと心底思っていましたが、今では逆に将来を託す児童生徒の皆さんに、議会で自身の姿勢に胸を張ってお見せできますか、と議員の方々に問いたく思っております。

20年近く前になりますが、北欧の小さな国デンマークに仕事の関係で4年住んでおりました。タウンミーティングや議会のあり方についてお話を聞く機会がありました。市長には給与が支給されますが、市議会議員はボランティアで無給とのこと。ですから利害が絡むことはあり得ないとのことでした。さらにはタウンミーティングでは市民の集まる中、少数意見を吸い上げ、数日かけてでも徹底的に討議し合うそうです。多数決が民主主義の象徴のように言われることもありますが、そこに至る過程を大事にしていると感じました。またノルウェーでは、小さな政党が複数あり、それぞれの政党の主張を議会で十分討議し合うことによって、民主主義が保たれている、と地元の大学生はどこか誇らしげ、というよりも当たり前のことのように話してくれた姿が印象に残っています。このようなことを思い起こすと、果たしてこの日本の民主主義はどうなのか？と考えざるを得ません。

議会構成のあり方や考え方によって一概には言えないことですが、それにしても、民主主義って何だ？　どうあるべきだ？　まだまだ未熟な日本の民主主義、いや、それが育ってはいるのかどうかさえ本当は疑わしいのではないかと思えてきます。

ＬＮＧ火力発電所建設に関する議員へのアンケートの結果から、現在もこのような思いが私の心から消えておりません。

今回のＬＮＧ火力発電所建設は中止ということになっただけに、この問題のアンケートに何も答えていただけなかった議員の方々に、今年流行のチコちゃんの言葉を借りて一喝させていただきます。「ボーッと生きてんじゃねーよ！」と。

「気仙沼で被災、人が歩くより早く火災は広まり、自宅は全焼」

ｍａｍａの会　会員Ａ

私は、震災当時、気仙沼市に住んでいました。気仙沼では、重油を積んだタンカーが横転、その油が津波に乗り、街中が火の海になりました。私は娘とたまたま他県に帰省していたので、命は助かりました。でも自宅は、海からは離れていて、津波の被害はなかったにもかかわらず、そのタンカーから漏れでた重油での火災で全焼し、骨組み一つ残っていませんでした。娘の写真も、思い出の服やおもちゃも、ひな人形も全て燃えて無くなってしまいました。

気仙沼の職場で被災した主人の話では、人が歩く速さよりずっと早いスピードで、火災は街に広がったそうです。主人は避難所で、街中のあちこちで響く爆発音を聞きながら、一晩過ごしました。

当時、気仙沼の津波の想定は3ｍでしたが、実際に来たのは20ｍでした。津波の被害だけだったら、私たち気仙沼は、ここまでの被害は無かったはずです。災害の危険のある場所に、危険なものを重ねた結果、多くの命が奪われました。

これは、たった5年前の話です。

清水はタンカーだけでなく、タンクなども、密集しています。周辺にはコンビナートもあります。そして何より、そこは多くの市民の暮らす、生活の場です。

もう二度と、あんな思いはしたくありません。

これ以上、何も失いたくありません。どうかここ静岡では、危険なものを重ねないように、よろしくお願い申しあげます。

「震災後、千葉から静岡に今子ども2人は、ぜんそくと戦っています」

ｍａｍａの会　会員Ｂ

私は、東日本大震災当時、千葉県に住んでいました。千葉県市原市では、プロパンガスのタンクが爆発、10日間燃え尽きるのを待つしかありませんでした。その火柱は、６ｋｍ離れた主人の勤務地からもハッキリ見えるほど、とてつもなく高く上がりました。

もう怖い思いはしたくないと、実家のある静岡県に引っ越してきました。実家の富士市に住みたかったのですが、富士市は空気が悪く、子育てに向かないと、静岡市清水区に住居を構えました。

それからしばらくして、娘も息子も、ぜんそくになってしまいました。娘はもう5年近く、毎日吸入が欠かせません。息子は大きな発作を起こし、自宅の吸入器では治まらず、2度入院しました。

メンバーの中には、もう10年間もぜんそくと戦い、入退院を繰り返し、小学校最後の運動会も、出場できなかった子等、苦しんでいる子は他にもたくさんいます。

今の清水に住んでいても、この状況です。ここに、こんな街中に、日本最大規模の発電所ができるなんて、私たちは想像したくもありません。子どもの苦しむ姿をこれ以上見るのは、とても耐えられません。子どもの命以上の価値のあるものは、私たちの中には、一つもありません。

私たち一般市民を、今ここに生きる子どもたちを、どうか守っていただきますよう、よろしくお願い致します。

「今でさえ、呼吸器が弱く、睡眠さえ十分にとれません」

mamaの会　会員D

私の4歳の息子は、呼吸器が弱く、一度せきが始まると、嘔吐をしたり、夜に眠れなくなったりすることが、多々あります。ひどい時は、一日で1時間以上、せき込んでしまいます。それが治まるまで、何日も続くので、その期間はずっと寝不足の状態です。本人も「横になる（眠る）とせきが出るから」と、無理に早起きをし、日中もせきを気にしながら過ごしているのが、親として、見ていてとても切なくなります。

今でさえ、この状態なので、ここにさらに火力発電所ができたらと思うと、怖くてたまりません。

先日、鳥取でも大きな地震が来たのを踏まえると、東海大地震が来る来ると言われ続けている、ここ静岡に、日本最大規模の火力発電所をつくることは、改めて理解できません。

先日行った防災教室の資料では、東海大震災の際、静岡市の中で、清水区の被害が一番大きいと想定されていました。この火力発電所のせいで、被害がさらに増大すると思うと、本当に恐ろしいです。

どうか、企業よりも、私たち市民を守っていただきますよう、よろしくお願い致します。

mamaの会　会員E

「LNG火力発電所が悪いとは思っていません」

私は、生まれも育ちも清水で、一度も清水を出ることもなく、就職も結婚後も清水で暮らしています。

小さい頃から東海地震が来ると言われ、避難訓練で怖さを教わってきました。そんな地震に敏感な清水区に火力発電所が建つ、それも駅に近く、清水の中心に建てると聞き、ただただびっくりしています。

私は、LNG火力発電所が悪いとは思っていません。

LNG火力発電にメリットがあるから、日本で増えていると思います。が、場所に驚きを隠せません。そのことはお母さんたちの中でも話題になっています。発電所ができて、健康被害も心配です。

これからの清水を背負っていく子どもたちが安心して生活できること、そして成人して結婚しても、生涯清水で生活してくれることを願う親は多いと思います。もっと子育て世代の母親たちの意見に、耳を傾けていただきたいです。

mamaの会　会員G

「子どもたちや、市民が笑顔になれる計画を」

私は、清水の中心である駅の近くにLNG火力発電所ができることが、どうしても受け入れ難いです。今年に入ってからも、全国で大きな地震が相次いでいます。清水でも必ず起こると言われ続けている大地震。津波も襲ってくるでしょう。それだけでも子どもを持つ親としては、不安でたまりません。

これ以上不安要素を増やしてほしくないのです。企業の土地であることは承知していますが、生まれ育ち、今も生活している大好きな清水です。子どもたちや、市民の皆さんが笑顔になれる計画を希望します。

「子どもを笑顔にする街づくりを」

ｍａｍａの会　会員Ｊ

私は2児の母です。清水は住みやすいところだと、子どもを育てている上でも実感しています。

これからの清水を考えるとたくさんの可能性があると思います。ウォーターフロント計画など、観光地としてさらに発展していく、こんな街で子育てしていけるとわくわくしています。その計画は、田辺市長はじめ、市議会の議員の方々の声でもあったと知り、大変感謝しています。そんな中で、観光地と火力発電所は共に歩んでいけるのでしょうか。

また、巨大地震がいつ来てもおかしくない土地であり、火力発電所が大量に排出するガスによる健康被害もとても心配です。危険要因がたくさんあることや、清水を観光地として発展させていくことを考えても、この計画をしている一企業の考えが、容易に認可されるのはとても不安です。子どもたちが安心、安全に暮らしていける街、観光地として発展していく街を望みます。

清水区にスケートリンクをつくる活動をしている団体があると聞きました。とてもいい計画だと思います。子どもたちを笑顔にする街づくりをどうかお願い致します。

「子どもたちの未来を守る、最後の砦は行政」

ｍａｍａの会　会員Ｋ

静岡市から私が母子手帳を初めてもらったのは、6年前のことになります。その時初めて、静岡市はマタニティの講習会から始まり、子育てのサポート体制がとても充実していることを知りました。実際、子どもを産み育てていく中で、産後ケアや子ども医療費受給、子育てサポートセンターや保育園と、様々なところで助けていただいています。子どもたちとよく行く公園はどこも整備されていて安心して遊べます。

静岡市に感謝しています。でも、大好きなこの街に、子どもたちとよく行く駅のすぐ近くに、子どもたちが大好きな公園のすぐ脇に、大きな火力発電所建設の計画があるのをママ友から聞きました。初めて聞いた時は正直、嘘でしょ?!という気持ちでした。でも、具体的な話が次々聞かれるようになり、今はただただ不安でいっぱいです。

あの場所に火力発電所ができることはどう考えても危険です。環境や景観を損ねてしまうのも容易に想像できます。もったいないと思います。どれだけサポートが充実していても、危険な街では安心して子育てできません。いくら世界遺産が目の前にあっても、環境が悪ければ生活できません。

安心して子育てや生活ができるどこか別の街に、人もお金も流れて行ってしまうのではないでしょうか。どうか、目先の利益だけでOKを出さないでください。静岡市が子育てをサポートしてくださるのは子どもたちの未来と、この街の将来を考えてのことなのではないですか？　せっかくつくり上げてきた行政と暮らす人との信頼関係を崩さないでください。

私は、子どもたちの未来を守ってくれる最後の砦は行政と考えています。静岡に火力発電所はいりません。

「大規模地震が想定される清水の街づくり」

mamaの会　会員L

「東日本大震災 コンビナート火災」と、検索した動画サイトの映像。普段何気なく目にしている石油コンビナートが重要な市街地のすぐそばにあることの大きすぎるリスクに気づかされます。

静岡県は言わずと知れた、大規模地震が昔から想定されている地域です。津波も心配です。だからこそ、テレビであの津波が町を呑み込んでいく様子を、目撃し、「ああ、あの建物、私の家の近くの様子に似ている」と自分の住むまちのいたる場所に見知らぬまちを重ね、そこにいるであろう自分や周囲の人々と同じような年頃の、家族構成の見知らぬ人（もう帰ってこられない方もいるでしょう）の安否を想っていたたまれない気持ちになった方も多いと思います。私もその一人です。

教訓を、無駄にしないでほしいです。静岡市では、清水港の観光に力を入れ始めていると聞きました。大賛成です。駅前という立地を最大限に生かして、危険な港よりも、安心・安全な楽しめる港、一時的・限定的なものでなく、長きにわたりありとあらゆる地元の人々の経済・文化・雇用を創出できる「日本一の防災モデル港」をつくってほしいと思います。

「ずっと清水に住んでます」

mamaの会　会員M

私は生まれてから41年ずっと清水に住んでいます。人は温かくとても住みやすい街だと思います。

そんな清水の玄関口、駅近くに火力発電所が出来るかもしれないという話を聞きました。えっ！駅近くに?!と最初は信じられませんでした。

昔から大地震が来ると想定されていますが、そんな場所につくるのを容認する意図は何でしょうか。大量の排ガス、CO_2を出し、特に身体の小さな子どもの健康には大きな影響を与えると思います。私は1児の母です。子を持つ親にとって、子どもが健康で安全に暮らせる街こそが願いです。

「生活を壊さないで」

mamaの会　会員N

私はLNG火力発電所に反対です。

今までも、火力発電所の計画がありましたが、住民運動で廃止になりました。今回は、東燃が建設着工したいがために、住民にちゃんと説明をしていないことも問題ではないかと思います。

大きな震災があり、まだまだ大変な生活を強いられている人もたくさんいます。その経験があるのに、これ以上、危険なものを重ねて生活を壊すのだけは許せません。

どうか、この計画を阻止してくださるよう、よろしくお願いします。

「東日本大震災でプロパンガス爆発を目の当たりにしました」

mamaの会　会員Q

私は、東日本大震災発生時、勤務先から、千葉県市原市のプロパンガスタンクの爆発を目撃しました。

6km離れたところからでも、まるで原爆が落とされたような火柱が、高く上がっている様子がはっきりと見えました。普通の火災ではありませんでした。プロパンガスは消火するとさらなる爆発を誘発するため、完全に鎮火するまで10日掛かりました。LNGの主成分であるメタンもまた、消火ができず、燃え尽きるのを待つしかありません。

職場から現場の距離はおよそ6kmでしたが、清水の火力発電所は、建設予定地から数百mの距離に民家があります。そこは街中です。LNG火力発電の発電効率が良いことは承知していますが、清水の場合、あまりにも近いと思います。

東日本大震災で起きたような爆発が清水のあの場所で起きると甚大な被害が発生してしまいます。多くの死者が出ることも考えられます。5年前の教訓を、忘れないでください。

「リスクがあるなら、市外へ転出します」

mamaの会　会員P

私と主人は県外から5年前に静岡市へ引っ越してきました。2年前に子どもも生まれ、近々清水区内に家を建てるつもりでいました。清水区は住みやすく学校も多いですし、清水駅周辺は週末に家族でよく出かけます。私たちは今の清水が大好きでした。

ところが、火力発電所が出来る予定と聞き、私たち家族は市外へ転出する方向に話が進んでいます。二酸化炭素や水蒸気・冷水による健康・環境問題はもちろんのこと、何よりも火災が起きた時のリスクがあまりにも大きいと感じます。建設予定地は工場地帯だけではなく、近くに商業施設や住宅地があります。もし発電所で火災が起きたら、発電所だけでなく多くの店も家も車も人も焼かれ、瓦礫以外何も残りません。

そんなリスクがある街で子どもはもちろん、私たち自身も住みたくないですし、家族友人にも住んでほしくありません。もっとリスクに目を向けて、想像してほしいのです。

市や東燃が唱える明るい経済効果や電力供給量の陰で、泣く泣く静岡市を出て行く人間もいるのです。火力発電所は一企業の事業に過ぎないかもしれませんが、私たちはその一企業の事業によって、住む場所を奪われようとしています。

私たちはずっと清水区に、静岡市で暮らしたい。どうか清水を、静岡を守ってください。

「お腹の赤ちゃんも心配です」

ｍａｍａの会　会員Ｒ

私は、火力発電所からは２ｋｍの近さの所に住んでいます。健康被害や大地震のことを考えると、私も今7歳の娘や、お腹の赤ちゃんもいるので、すごく心配です。

近隣の方は、直接的な被害も大きいと思うので、もっと不安だと思います。

清水で、生まれ育った私にとってとても大切な場所です。ぜひ、企業から私たちの命を守ってください。

「東燃火力建設反対のデモ行進」

清水区田町　牧田 守男

清水ＬＮＧ火力発電所建設反対の活動は、あまりにも街に近すぎて危険で環境を悪くする心配だらけの建設計画で、何としてもやめさせようと、ごく普通の市民たちが立ち上がって始まった運動です（第二章四を参照）。

デモは建設予定地だった場所に近い、辻、江尻、浜田、袖師地区で計9回、さらにより多くの市民に訴えたいと静岡（葵区）の繁華街で2回行いました。清水地区の商店街では、道行く人やお店の人に、住宅街では家の中にいる人にも届くように大きな声で訴えました。人生で初めてのデモ行進体験の参加者がほとんどで、手作りの段ボールに自分の思いを書いて掲げ、大きな横断幕も手作りし、シュプレヒコールの内容もみんなで考え練習して、デモ行進の先導者、シュプレヒコールリーダー役、ビラを配布する人、署名をお願いする人など分担し、その叫びは、慣れない素朴なデモ行進でした。

圧巻は、静岡の繁華街でのデモ行進です。さすがに清水の街に比べたら人出は多く、大勢の人にアピールできました。そして県知事や静岡市長が建設反対を表明してくれたことから、県庁と市役所の近くでは「知事さん反対ありがとう」「市長さん反対ありがとう」と、あまりデモ行進では聞かれないシュプレヒコールも含めて、道行く多くの市民に訴えることができました。

強烈なデモンストレーションになったのは、バスをチャーターしてのＪＸＴＧ本社への抗議です。ＪＸＴＧ本社は東京のど真ん中、皇居大手門に面していました。本社内で直接、建設計画撤回を交渉するグループと本社前の街頭で訴えるグループの二手に分かれ、街頭グループは代わる代わるハンドマイクを通じて計画の不合理さを、ビラを渡しながら訴えました。ちょうど昼休みと重なり、ＪＸＴＧ社員も神妙に、私たちの訴えに聞き入っていました。

最後のデモ行進はパラダイスでした。建設計画断念を新聞が速報した翌日にデモ行進は計画してありました。デモ行進に集まった仲間たちは計画断念のニュースに歓声を上げ、建設断念に追い込んだ力を喜び合い、笑顔があふれていました。出発の前の集会では、一人一人が長かった闘いを振り返りながら、苦労した話、反対運動が市民の中に浸透していった話など、思いのすべてを語り、喜びを分かち合いました。3月の穏やかに晴れた日曜日、喜びの季節の中、「ありがとう、ありがとう」と叫びながら。これまでのデモ行進とはひと味もふた味も違う、嬉しさにあふれた笑顔いっぱいの弾む思いのデモ行進になりました。日本中を探しても、こんなにさわやかな嬉しいデモ行進はないでしょう。

このような、不慣れで試行錯誤の連続だったデモ行進だったけれども、その訴えが、叫びが建設計画を断念に追い込んだ大きな力になったと確信しています。

「一年間の想い」

平岡 俊彦

このような運動に携わるのは初めての事で、実際、会に参加して話を聞いてもあまり高揚するほどのこともなく、ましてや専門的な知識を持ち合わせているわけでもないので、かえって足手まといになっても申し訳ないという思いもあった。そんな中、こんな危険なものを自分の庭に建てるという馬鹿げた話、また地震が起こるとも言われている中であまりにも無法すぎること、区民に対する周知も充分にできていないなど、徐々にいろいろなことを知るに至り、私の周囲の人たちに聞いてみることから始めた。

すると20~30人のうち、2人が知っているくらいでほとんどの人が知らないという現状に驚き、「建設中止」もさることながら、まずは「知らせる」ことが一番との想いが募り、本格的に参加することになった。

もう一つ、私はこの清水の出身ではないが、約40年前から縁あってこの地で仕事をさせていただき、現在がある。何かこの清水の地にお役に立ち、少しでも恩返しができないかという想いも強くあった。やるからには「何が何でも中止」にせねばならないと心に誓った。手始めに一人でも多くの人に知らせながら、反対署名をいただくことに全力を注いだ。事業者の手続きも最終段階に入っている焦りもあったが、色々と協力者も現れ始めたことも手助けとなった。

各方面の調査、問い合わせをしていくと、手続きのでたらめさにも驚き、腹立たしいことばかりだった。幸いにも事業者の手続きが遅れたこともあり、運動の幅も広がってきた。署名を始めて4、5カ月の内に3千筆を超える方々に協力をいただいたことに感謝だった。この方々の想いが後押しとなり、さらなる力が湧いてきたのだ。

想いが想いを呼び、少しずつではあるが大河を崩すことができて、嬉しい知らせを目の当たりにすることができたと思っている。これも3年前の最初から少人数でこつこつと運動を続けてこられたメンバーのお陰であり、また、メンバー一人一人の堅い信念の下での結び付きと努力によるもので、頭の下がる想いがした。

この運動で感じたことは、事業者は自社の利益重視、政治家、役人は自分の身を守ることしか考えていないことであった。清水区民の大事な生命、財産を守る義務など微塵も持ち合わせていないことがよく分かった。区民が困っている時こそ出番である議員の人たちがそっぽを向くなど本当に残念だった。こういう議員を選んだ我々に責任の一端はあるので、次の選挙では心して人選することにする。一方で、我々の運動に理解をしていただいた議員には感謝していることを申し添えておきたい。

区民運動の盛り上がりが欠けていたことは大いに反省したいが、全国の多くの方に応援いただいたことには感謝している。責任の一端を果たすことができたのではとホッとしたところである。これからは景観豊かな清水の街が「輝く」にはどうしたらよいのか、皆で考えていきたいと思っている。

「正義は国を高め、罪は国民を辱める」

スリヤ佐野　一夫、ヨハンナ　雪恵

初めてこの計画を知ったのは、確か2015年1月発行の静岡新聞の見出しでした。いつもベランダや窓から見ている景色の真ん前のあそこに？？？　寝耳に水のニュースに大きな衝撃を受けました。すぐに市役所へ行き、情報をもらってきました。その後、何かの会合で辻交流館へ行った帰り際に松永行子さんに出会い、反対の会のチラシをいただいたのが私たちにとっての反対運動の始まりでした。

世界でも類を見ない、こんな清水の中心的な人口密集地に何故？　また自然エネルギーへの転換が叫ばれているこの時代に何故?というのが素朴な反対理由でした。そして会社側が、できるだけこっそり、できるだけ市民に気付かれないように計画を進めようとしていた姿に、自由競争の限度を超えた非倫理的なレベルの問題を感じ、怒りを覚えました。テレビドラマなどではよく見る企業利益のために住民の安全が犠牲にされる典型事例が、まさかこの清水で起こるとは。自分たちが初めて直面したこの衝撃は大きいものでした。私たち夫婦は１００％迷うことなく、「この明白な悪に対して、みんなで力を合わせて立ち上がらなければ私たちも同罪になる」と確信しました。

できる限り会合に参加し、反対署名も自分たちの友人、知人である英会話の生徒たち、キリスト教会関係、海外や日本全国からの訪問者たちから集めました。フェイスブックなどでも、海外や日本全国の知り合いに、この計画の恐ろしさを配信し、インターネットでも署名を集めました。多くの方々がその実態に愕然とし、賛同し、協力してくださいました。

しかし、巨大企業の力、また問題の重大さに気付かず、企業と手を組んで反対運動をもみ消そうとする多くの力には、極めて少数派の私たちの力だけでは到底勝てるものではありません。私たちは神に祈りました。背後に働く邪悪な力を祈りによって縛り、正義がなされるようにと、毎日教会のみんなで祈りました。世界中の友人たちと共に、悪の力が砕かれ、清水の町に正義が行われるように、神が清水を守ってくださるようにと祈り続けました。

２０１7年8月、オーストラリアに住む母を訪問中、フェイスブックで祈りの答えが来たことを見ました。川勝知事と田辺市長も反対の立場を表明。本当に嬉しかったですが、同時に、その時は信じられない気持ちで、「日本の法律上、もしかして、まだ建てられてしまうかもしれない」という思いもよぎり、これまで通りオーストラリア滞在中も、できる限り親せきや知り合いに知らせ、署名を集め、集計に間に合うように郵送しました。

正義が勝つまで、大きな力に立ち向かい、みんなで戦った素晴らしい経験。これを無駄にせず、さらに素晴らしい、住みやすい、美しい、自然豊かな清水を取り戻しましょう。気を抜かず、手を休めず、この町のために祈り、とりなし、見張り、必要とあれば戦いましょう。

批判や社会的な不利益を恐れず、自らの良心に従って、勇気をもって戦ってくださった皆様に感謝致します。

「正義は国を高め、罪は国民をはずかしめる」(旧約聖書 ソロモンの箴言14章34節)

(清水シティチャーチ牧師　フィンランド・オーストラリア国籍)

「追い風の中のLNG火発」

清水区向田町　北村 修治

最初におことわりすると、私は80歳だった。ということは今まで一緒に東燃や石炭火力等を闘った仲間も80歳前後。もう向こうの世界へ旅立った人も十指に余る。体力も気力も振り絞って、みんなの後について行く、その程度のことしかできなかった。それが齢を重ねるということである。「北村さん、あんた大変だから来なくていいよ」と言ってくれた人もいる。とはいっても、生きていれば嬉しいではないか、お呼びがかかることもある。由比の桜エビ祭りに川渕さんと2人で出かけてビラをまいた。こんなことを50年も前からやってきた実体験はトップクラスではなかろうか。何が大事か、今やらなければならないこと、それもいちいち考えなくても体にしみついたものがある。ちょっと偉そうでごめんなさい。

それで私は、LNG立地の地盤と南海トラフこそ重要と考えた。考えてみれば発電所が問題ではなく、発電に使われる原材料が問題なのだ。浜岡はウラン、清水はLNG、最悪事故は広島、長崎クラスだそうだ。LNGでなく太陽光発電なら反対運動はなかったに違いない。標題を追い風と書いた。何といっても企業側にとって条件が悪すぎる。

清水は吸収され静岡市の一部になった。その玄関口に世界の観光客が大型の船でやってくる。その入り口に巨大発電所、これはまずいよねえ。県知事も市長も反対を表明し一件落着となったが、これは反対運動がなくても行政の長としての見識でそうなったかもしれない。こんなことを書くと叱られるかもしれないが自分の言動を横から見るのも大切ではないか。

大気汚染も津波も予測し対策は立てられる。だが大地震で隆起したり沈んだりした清水港を埋立て、その上に造られたLNG基地は南海トラフ地震の時にどうなるのか。このことの検証なしにさらに発電所を上に乗せるなんてもっての外。私はこのことで運動は戦えると考えていた。ただ自分にはもう体力気力のエネルギーもないし仲間も少ない。闘いの初めはその主張をしたが、それは皆さんには受け止めてもらえなかった。そして企業は撤退した。住民は勝利した。「よかった、よかった」と私は手放しで喜べない。上に乗る発電所は造られないが、3基のLNGタンクはそのままである。そのタンクは南海トラフ地震がきて、清水港の地盤が盛り上がったり沈んだりした時に、そして震度7（これ以上はなし）の揺れが起きた時、果たして無傷でいられるのか、この検証なくして発電所がなくなったからといって喜んでいていいものだろうか。私にはめでたさ半分の勝利なのだ。さて最後に市民としての清水港に対する向き合い方を提言する。

あのLNG基地がある限り、市民の安全は保証されない。あの基地を市民一人一人のものにするために五百円地主というのはどうか。五百円玉一つ、小学生だってお年玉で参加できる。これは僕の、私のお金でつくった公園だということで石碑にその名前を刻む。お金は市長か知事に寄託する。こういう一人一人の具体的な行動があってこそ企業に奪い取られた清水港は市民のものになる。その昔清水港は市民のものであった。

「市民の安全・安心を脅かす問題が出てきたら」

中部地区労働組合会議議長　鈴木 正巳

私にとっては、運動や組織の在り方、進め方など疑問に思うことが多々ありました。よくもまあこれで火力発電所建設に待ったをかけることができたと正直思います。

清水テルサの上から建設予定地を見れば、建設しようと考えること自体が無謀というか正気の沙汰ではないと誰もが思います。推進者にとっては会社遊休地の有効利用で収益を上げる、それしか見えないのでしょうが、そこへもってきて田辺市政の経済優先主義と市民の「安心・安全を守る」ことに対する鈍感さ、無定見が拍車をかけて問題をこじらせてきたと思います。至極当然の県知事発言が無ければ、そもそも無理な建設計画であってもどうなっていたか分かりません。

２０１５年、静岡県中部地区労働組合会議は加盟組織である清水合同労働組合からの支援要請を受けてこの闘いの支援を決定し、さらに県下のいくつかの組合で組織する静岡県労働組合共闘会議にも呼び掛けて支援の輪を作りました。

地元の清水合同労組は19回にわたり組合ニュースでこの問題を取り上げ、中部地区労や県共闘のニュースでも報じたり、メーデー集会へのアピール参加を要請したり、集会・デモ行進の申請事務、旗竿、ゼッケンといった宣伝グッズの貸し出し、頼まれもしないのに視覚・聴覚的に寂しい集会・デモ行進を盛り上げようとのぼり旗や横断幕を用意したりしました。

実は、火力発電所建設反対について公式・非公式にも運動団体からの支援要請を受けておりません。従って冒頭のような書き出しになりました。実に不可思議な反対運動でした。だからといって、また市民の安心・安全を脅かす問題が出てきたら誰に頼まれなくてもこれを報じ、支援を呼び掛けることを続けていきたいと思います。

「地の利、人の和、時の運」

反対する住民の会共同代表　山梨　通夫

25年程前に三保の石炭火発に関わった時、乾さんからだったか「こういう運動が勝つのは、地の利、人の和、時の運の３つがそろった時であるかどうかである」と聞いた覚えがある。今回の運動をこの点から振り返ってみたい。元よりこの３点は互いに絡んでいるのだけれど。

まず①「地の利」である。予定地の最地元、辻地区のマークスに住む田島夫妻、坂口さんはじめ何人かの人たちが早くから立ち上がった。辻地区、旧市街地からも共同代表の松永行子さん、眞田さん、勝君、晃久君、江尻地区の池田恵美子さんたちはそれより早くから自分たちが暮らす地元の問題として関わってきていた。

そして②「人の和」。①と絡むのだが、個性豊かな人たちが存分に働いたこと、また皆が呆れるほど暴走した人にも「私は排除しない」と宣言した行子さん。この時私は「あっ、小池百合子を超えたな」と思った。同じ運動に関わる人たちの違いを批判することより、同じ志を大切にするということを彼女は分かっていると。それから「将来を考える会」。押しの中村さん、引きの國平さん、このコンビが「熱き保守」森弁護士を引き出し、知事、市長にも大きなインパクトを与えた。また運動が2年くらい経って有度の人たちが加わった。「皆さん疲れているようだから後は私たちが」と吉田さん夫妻、才茂さん、平岡さんを中心にギアを入れ直してくれた。保守がその気になった時、運動は確実に広がっていく。
③「時の運」。JX（日本石油）がTG（東燃ゼネラル）を吸収合併した。JXが「社内で力を持っているのはどちらか分かっているね。お手並み拝見」という中で、知事、市長の表明、住民の本社への抗議等で、TG側を飛び越えての撤回表明となったと推察する。これも運動を続けていたからこそ。合併があって、JXの判断を迎えたといえるのではないか。

「運動に参加して思うこと」

駿河区　椺田　民夫

「真に自立した住民による運動が勝利した」という実感を覚えました。感無量です。

それは「清水の奇跡」というべき住民運動の歴史が清水にはあるからです。1974年は45年前ですが、東燃石油コンビナート増設に反対する住民運動が起こりました。市民協運動の始まりです。

私は1975年からこの運動に関わりました。オイルショックの影響で増設は中止となりました。その後東燃の埋め立て地を石油備蓄タンク基地にする計画が持ち上がりましたが、東海地震の予測が問題となり計画は中止となりました。それから三保の貝島に中電がLNG火力を建設する計画が出ましたが、これも阻止しました。その後、中電はLNGに代えて、同じ三保の貝島に石炭火力を建設する計画を出してきました。三保の自治会や農協の力で大きなデモ行進をやりました。この運動も住民の勝利です。この4つの運動には西久保の乾医院の乾達先生の活躍が大きかったと思います。先生は「特定の指導者がいない自立した住民の運動」「街のみんなが主人公」とよく言っていました。その通りと思いましたが、先生自身が指導的な役割を果たしていたので、私は少し疑問にも思っていました。そして今回の東燃LNG火力も住民の勝利です。今回は特定の指導者がいない真に自立した住民の運動でした。5回目にして理想が実現しました。

私が関わった5つの運動、全国を見渡してみてもこのような連勝は耳にしません。まさに「清水の奇跡」と呼ぶにふさわしい住民運動の歴史です。ただ残念に思うことは、45年前は若者が大勢関わっていましたが、現在は若者に運動の浸透がありません。これは今日の一般的社会現象です。どの市民運動や労働運動でも若者の顔を見ることは稀です。時代は変わりました。

清水の住民運動の輝かしい歴史が次世代に繋がることは恐らく無いでしょう。しかし私に一つの夢があります。それはSNSの時代に対応した動画配信インターネットテレビ局開設の夢です。名付けて「清水テレビ」です。実は私の知人A氏はすでに「焼津テレビ」を開設しています。「地域参加型インターネットテレビ」です。その清水版を作ろうと思います。設備には大してお金はかかりませんが、番組制作はみんなボランティアでやりますので意欲は必要です。面白さも必要です。街の話題や問題を市民の目で自由に取り上げ動画を制作します。それによって世代を超えた情報発信が可能になると思います。若者は本も新聞も活字を読まない時代ですから。どんなものなのか興味のある方は「焼津テレビ」を検索してみてください。ＹｏｕＴｕｂｅにも配信があります。街の歴史は動画で残そう。これが次世代へ繋がる私の構想です。

「海と清水～そして自転車で通ったＬＮＧ反対運動～」

駿河区　稲垣　吉乃

夏を海とともに過ごした子ども時代、清水の三保の海、相良の静波海岸。晴れ上がった夏空の下、友だちと海の家から砂浜に降りると、砂はもうかなり灼けている。熱い砂浜を蹴って波打つ青い海まで駆け抜け、飛び込むように海水に足をつける嬉しさは 夏の日眩しさそのものだ。くらげの出る夏の終わりまで海は存分に子どもたちを遊ばせてくれた。海に泳ぎに行く日はなぜかいつも晴天だった。

大人になってからは海水浴に行くこともなくなってしまったが、２０１７年の夏、清水の海辺にある計画が、持ち上がっていた。ＪＲ清水駅の目の前の海沿いの土地を所有するエネルギー企業が、ＬＮＧ火力発電所の建設を計画し、住民が反対運動をしていることを知った。内容は詳しく分からなかったが、近隣住民が反対運動をしている発電所なら良いものであるわけがない。

私はすぐに仲間に入れてもらい、静岡市内でパートを終えてから、片道1時間30分自転車で清水に向かった。自宅に帰りつくのは23時。充実していた。この夏から冬は「清水の海と街を守るぞ」と燃えていた。

毎週のはーとぴあ清水での会合では、参加住民から次々とシビアな懸念が報告された。署名活動やウメノキゴケでの空気汚染度調査、住民意向調査、デモなど反対運動はひたむきに前進していった。私は人生初の市民運動を行い、地方自治について実体験で知ることとなった。

企業が手続き上の要件をクリアし、書面が経産省に提出されれば、大臣が許可することが予想された。私たちは企業の東京本社にもバスを借りて出向き声を届けた。

２０１８年の春、反対運動にも悲壮感が漂う中、突然大勝利が訪れた。企業は建設計画を白紙撤回した。静岡新聞一面で知ったのだ。朝から祝福メールが飛び交った日のことは忘れることができない。

最近、地方自治法で地方と国は同等になったけれど、住民参加が機能しなければ、国権は強化されるだろう。人が育ってなければ、法律はあまりあてにならない。未来が幸せなものであるよう学び行動して行こうと思う。

昭和の子どもだった頃、三保の海や相良の静波海岸で陽が傾くまで泳いだ海の思い出。そして焼津市にある小泉八雲記念館で紹介されていたラフカディオ ハーン（小泉八雲）の文章が、私を市民運動に駆り立てていた。ハーンは１８９０年４月４日（明治23年）、太平洋を横浜港に向かい進む船上、視界のずっと先に日本列島を見た。そこには列島に裾野をひろげて富士山がたたずんでいた。あまりに美しい姿を、当時契約していた米国雑誌へ紀行文「日本への冬の旅」に記して送っていた。天然の造形美を船上から望む体験を子どもたちができる日を願って自転車で走った市民運動だった。

白紙撤回で本当に良かった。ＬＮＧ火発建設計画反対運動の仲間、署名くださった方々、また気持ちを寄せてくださった多くの方々に厚くお礼申し上げます。

「待ってました！見つけた！」

杉浦 由美

清水駅前銀座にあるアットホームな小さな映画館、夢町座。階段を上がった台座に清水火力発電所反対の講演会のパンフレットが一枚だけ残っていました。ずっと気になっていた私は「待ってました！見つけた！」とばかりに手に取り、友達（吉田さん）にも「一緒に行ってみない？」と誘ってテルサに行ったことが始まりでした。

今まで市民運動などしたことはありませんでし

たが、とにもかくにも清水に火発などできたら、清水の将来がなくなる！　愛するこの街は素晴らしい可能性を持っています。これから良くなろうとしている清水のために絶対に止めたいし、止めることはできるはず！と信じて2年前から運動をしている大先輩たちに交じって自分にできることをコツコツとやりました。

主に署名をがんばりました。友達や知人、近所の方など賛同してくれた人が、また、知り合いや周りの方たちの署名を集めてくれて反対の輪も広がりました。会の皆さんと川勝知事に会いに行ったことも大きな思い出です。この活動で出会えたメンバーや出来事、これをきっかけに今までより世の中の動きに目が向くようになったこと、愛する清水が救われたこと、全てに感謝です。これからも微力ながらこの「まち」を素晴らしいものにしていくお手伝いをしていきたい！　一人ではできないことも力を合わせればできると思います。

「運動に参加してよかった」

穂積　裕美

私は八坂北に住んでいますが、この問題を耳にすることはありませんでした。こんな近くに住んでいるのに何もしないでいては将来ある子どもたちに悪影響を及ぼすことになると思い、この会に参加させていただきました。私の近所の方々にも署名をいただきましたが、「何となく知っている」とか、「全然知らないわ」という方もいらっしゃいました。

一人でも多くの方に知っていただきたく八坂北自治会館で説明会を行いました。回覧板でも資料を回すことができたことは良かったと思います。その後県知事、静岡市長の反対のお陰もあり、良い結果となったこと嬉しく思います。

また、使用していないタンクの撤去をしていただければ清水から富士山を見る景観も良くなると思うので、企業の方々にも協力していただければいいなと思っています。

「私のLNG火力発電所建設計画反対運動の軌跡」

辻一丁目　山本　禎子

あれは2015年夏の朝でした。郵便受けに「危険すぎる東燃の火力発電所建設計画」というビラが入っていました。規模は国内最大級である浜岡原発の最大出力機の1・5倍という。しかもこんな計画があるのに、何か住民にこっそりと計画を進めているような雰囲気を感じました。

建設を考える協議会の話を聞くと、埋め立て地で、その上清水駅に近く、民家が付近にある場所だという。東燃の私有地というだけで建設が許されるものなのかと危機感を抱きました。

もしこれが出来ると発電のための騒音がするという。この地で一生を終えたいと思っていたのに、死ぬまで静寂は訪れないと思ったら、これは近くの人たちと建設反対をしなければと思いました。

9月19日のLNG火力発電を考える会の学習会は、たった4名集まっただけでした。私にできることはないかと思っていた時に、松永行子さんから声を掛けられ、県知事、静岡市長に住民の声として手紙を書くことにしました。知事の指示ということで県生活環境課からは返信を受け取りましたが、残念なことに静岡市からは何の音沙汰もありませんでした。

袖師に建設だというと、辻町からは遠く離れているじゃないのという人たちがいました。駅の東側が袖師、私たちの住んでいる辻町とは目と鼻の先ですよ、と1人でも多くの人たちに知ってもらおうとチラシを配りました。

年が明けて2016年1月には反対の陳情署名を70人分集めました。その頃から周りからも発電所の話題が出るようになり、学習会の開催チラシも組長さんを通して回してもらえるようになりました。

反対デモが行われ、客船誘致の面からこの計画は清水にとってまずいのではという意見、そして、山の手の若いお母さんたちが、子どもたちに対する環境悪化を心配する声を上げてくれたことも大きかったと思います。

２０１７年8月11日、市長がＬＮＧ火力発電所の建設反対を表明。ほぼ既成事実と思われるような展開で私たちの目の前に現れてきた事業だったので、まさか反対運動が成功するとは—。これで枕を高くして眠れます。

皆様、本当にご協力ありがとうございました。

「国際クルーズ船の寄港」

駿河区　飯野 良一

国土交通省は２０１６年に「国際クルーズ船拠点形成計画」として拠点港を募集した。静岡県は「ゲンティン香港社」と連携してこれに応募し、清水港が選定された。

さて、ここで問題となるのは、計画されているＬＮＧ火力発電所建設予定地に数百mの距離でクルーズ船が入港してくることである。客船の乗客は発電所から排出される二酸化炭素、二酸化窒素を直接吸い込むことになる。また、富士山を見るために来航したはずが、富士山の前に広がる白煙の歓迎を受けることになる。

さらに恐ろしいのは、地震・津波の被害である。ＬＮＧ火力発電所に供給する燃料のＬＮＧ（液化天然ガス）はタンカーで運ばれてくる。クルーズ船は年間１０４回の寄港予定である。発電所稼働時のＬＮＧタンカーの入港は現在の2・4倍で年間48回となる。クルーズ船の入港時と重なる頻度は極めて大きくなる。このときに地震が発生し、津波が襲来したらどうなるであろうか。制御不能となった船舶は互いに衝突し、流出したＬＮＧは港内に広がり、乗客は火の海で焼死することになる。

このような状況が発生することを私たちはゲンティン香港日本支社と静岡県の両者に知らせ（資料十四を参照）、危険性、乗客の安全に関する考え方を質問した。しかし、残念ながら、両者ともに回答をくれなかった。公の機関がこのようなことでいいのだろうか。また、「国際クルーズ船拠点形成計画」を認可した国土交通省（資料十四）も無関心でいていいのだろうか。

田辺市長は、これらの危険性を隠蔽したまま、米国の国際クルーズ船会社クリスタルクルーズ社など5社を訪問して清水港への寄港を誘致している。これらは、国際的信頼を損なうことになる。私たちは、これらの5社に対しても事実を正しく知ってもらうことが静岡市民の心であり、国際的道義であろうと止むにやまれず、英文手紙を送った（資料14⑸、⑹に一例を載せた）。

「株主総会での訴え」

清水区辻一丁目　大八木　努

私は清水駅前のマンション住民です。2015年のマンションの総会に出席した際に初めてLNG火力発電所計画を知った。その時のマンション住民でこの計画を知っていた人はほとんどなかった。また私たちマンション住民向けの説明会で、マンションに排ガスが直撃する可能性、大地震など事故による爆発など安全性の懸念を訴えても、系列会社の清水天然ガス発電合同会社の尾崎社長からは「我々は、点（マンションの事）では考えず、面（静岡市全体）でしか考えていない」といった回答をはじめ、近隣住民のことは何も考えていないという内容の発言が繰り返された。私はもっと上の権力者へ中止を直接訴える必要があると感じた。

まず田辺市長に清水区のタウンミーティングで強く中止を訴えた。その後の2回の面談でも訴えた。また親会社である東燃ゼネラルのトップへの面談を何度も依頼した。しかし全く聞く耳を持っていただけなかった。我々の声を東燃ゼネラルの武藤社長へ訴えるために2017年3月の株主総会に出席した。清水駅前の火力発電所建設の中止を訴えた。企業というのは株主総会を無難に終わらせたいと考えていることから、この現状を株主の前で訴える意義はあると考えた。実際に株主総会で訴えることで参加していた株主のブログにも問題提起していただけた。その後、JXと東燃ゼネラルが合併し、JXTGホールディングスが発足した。

2017年6月にJXTGホールディングスの株主総会にも出席した。ここでも再度、中止を切実に訴えた。特にＪＸＴＧの主導は旧ＪＸであるため、旧東燃の事業である清水火力発電所の建設に対する拘りは少ないとも感じた。

その後、皆さまの頑張りにより同年９月に中断、18年３月には正式に中止が決定した。

皆さまには深く御礼申し上げます。

「ＬＮＧ火発で学んだこと」

清水区伝馬町自治会元会長　冨田　偉沙生

火力発電所建設を知ったのは江尻連合自治会の定例会の席上でした。会議の冒頭、東燃ゼネラルの数人が今までの経緯と今後の予定について説明しました。

火発反対グループの方々が既に色々活動していましたから、気にはしていましたが、隣接する地元自治会としても、「大気汚染と健康問題」「想定外の地震・津波に対する対応」等で話し合い、共通認識を確認すべきと数名の単位自治会長と相談し江尻連合自治会の定例会の議題に「火発」問題を要望しました。しかし、会長からは「議題にしては困る。問題は各単位自治会で議論してほしい」と訳の分からない回答があったことを記憶しています（なお清水連合自治会では火発を議題として一度も取り上げなかった）。

結果的には、江尻地区全体の住民は東燃ゼネラルおよび反対派と別々に２回の説明会を開催することになりました（第二章二⑵）。

東燃ゼネラルへの住民の質問「地震・津波の緊急時に住民避難はどうすれば」に対する回答は、「現在想定される地震・津波による発電所の事故は考えられない」でした。

また大気汚染については、「気温が１℃上昇するけれど環境に影響はない」。この回答には多くの参加者は唖然とし、温度が１℃上昇することの意味を理解せず、住民の健康より企業利益優先の横柄な態度に呆れた次第でした。

２回の説明会を終えての報告会（連合自治会）では、「日本国中どこでも建設されている。ＬＮＧガスは生活に必要」等の単純かつ思慮に欠ける建設賛成会長も存在したので、連合自治会の中での反対活動は無理と判断し、私は小さな伝馬町自治会の会員に主に訴えることに転換し、反対グループの協力を得て意識調査を実施し（第二章六）、署名活動に協力してもらいました。

それ以降は、今回の反対運動で大きな問題（課題）となった「自治会組織」「市議会と市会議員」「民主主義と市民権」等について、色々な方に話を聞き、本を読み勉強してきました。

署名活動は大きな存在と思いながらも、半ば諦めていた２０１８年3月24日の新聞発表、私の日記には「ＬＮＧ火発計画中止。心の中で、やったと叫ぶ。晴天の霹靂、人生で初めて味わった感激。しかしこれからが清水の勝負」と書かれています。

ＪＸＴＧの内部事情かどうか分からないけれど、「住民の理解が得られなかった」ということで中止となりました。毎朝建設予定地だった付近を散歩する日課の自分にとって、その延長上の空に映える美しい富士山の眺望と月に数回係留中のＬＮＧタンカーの姿を見るとまだ少し複雑な思いもあります。

ある歴史作家によると、日本の明治以降の歴史は「40年のサイクル」で大きな変革を見ることができるといいます。１９９２年のバブル崩壊に40を加えると２０３２年。あと13年。この間、東京オリンピック、大阪万国博覧会等が決定していますが、果たして日本の将来は…。

自分の年齢は平均健康寿命に達し、その時をどう迎えるか分からないけれど、明日のことは気にしないで、その日一日を、今回疑問に感じた課題を再度勉強し、改革の行動を実践するつもりです。

そして２００２年旧静岡市と合併してから始まった「清水の崩壊」から清水のまちを救い、復興に少しでも役立てればと考えています。その意味で「火発」は私の小さな人生で大きなことを学ぶきっかけとなりました。

「ＬＮＧ火力発電所建設反対活動に参加して」

清水区　森　義寿

平成30年4月21日、「東燃火発を阻止した喜びの報告会」に出席し、清水駅近くのホテルでの祝賀懇親会に参加した。

「ＪＸＴＧ火力建設計画」をＪＸＴＧ（株）が正式に3月27日に中止し取り止めた。この発表を聞いて清水の住民活動の勝利を祝い、反対活動に一緒に参加してきた大勢の人たちでホールがあふれていた。私もこの反対活動に参加させてもらった一人であった。

振り返れば、友人の牧田君（小学校の同級）から「東亜燃料の遊休地に日本で最大級の火力発電所建設計画が進められているけど、知っている?」と訊かれ、全く知らなかった。そこで、毎週火曜日にはーとぴあ清水で活動の話し合いをしているので参加してみないかと声を掛けられたのが市民運動参加のキッカケであった。

以前、町内会で防災担当をした経験があり、自分たちの町（土地）がどのように形成されてきたか、また、地震・津波に対する危険性を学び知識を深め、広め、自分たちの命を守るために何をしなければならないのかを真剣に取り組んで得た経験と知識を持っていたことも、会に参加した動機であった。

２０１６年7月に初めて「反対する住民の会」に参加した。メンバーは様々な個性のある人たちで、それぞれの立場の方が参加していた。集会では、厳しい意見が交わされていて郷土を守る意識がとても伝わってきた。私はこの件について全く知らなかったことを強く反省させられた。火力発電の建設がスムーズに進められるよう、ＪＸＴＧ側の工作によって、行政・連合自治会、地元の有力者などの暗黙の了解が得られていることを知り、行政に対しても強い憤りを感じていった。

特に不信感を抱いたのは、我々市民の意見を代弁すべき市議会議員（一部の議員を除く）も自分たちの保身、党の立場などを理由に正面から向き合おうとしない態度に益々苛立ちを感じた（市議会議員の戸別訪問を眞田さんと一緒に活動）。また、辻・江尻連合自治会長の姿勢にもかなり問題があると感じた。

２０１７年を迎えると、ＪＸＴＧ株式会社は確実に手続きを進めてくるのを止めようがないと危機感を感じ、直接事業者と住民に訴えることに力を結集した。

印象に残っている活動は以下の通りである。

①「寺子屋（共塾）」を実施し、地域住民とともに問題を勉強し、住民の啓蒙に努める。

②個別訪問し、説明、署名をいただく活動を展開する。

③ＪＸＴＧ株主総会の会場で、住民の声を会長・社長・取締役員に訴えるとともに、株主の皆さんに理解をいただく。

④最後の手段として東京のＪＸＴＧ本社に乗り込み、社長と直接話合いを求め、同時に、街頭で通行人にスピーカーと横断幕・プラカード・ビラ撒きで訴える。

これらのすべての活動が初めての経験であり、体験であった。

皆の危機感と不安は重なり、直接ＪＸＴＧ東京本社に乗り込み、社長に直に訴えることになった。２０１８年2月28日は寒い冬の日であったが、天気は晴天、貸し切りバスは仲間でいっぱい、清水を出て一路東京へ向かう。富士山も裾まで白い雪を頂いて輝き、力をいただいたようであった。

傍に皇居が見えるＪＸＴＧ（株）本社前に午前10時に到着。社長面談グループは本社に入り、一方、本社前で街頭アピールが拡声器で第一声を発した。私は歩道を行き交う人、観光バスで皇居見学に訪れる海外からの観光客に、ビラを手渡しながら清水の素晴らしい名所、環境が破壊されることを訴えた。ほとんどの人は理解を示して受け入れてくれた。昼時には、本社ビル入り口でＪＸＴＧの社員らが私たちの行動を覗いていた。道路の向かい側には警察の車が、そして静岡新聞の記者も活発に取材していた。翌日の静岡新聞には、「陳情ツアー」の様子が記事となった。この行動はＪＸＴＧ（株）にかなりインパクトを与えたようだ。

私は、約2年間の住民運動で様々な人と出会い、親しい友人もでき、それは掛け替えのない宝ものとなった。一方、行政・市議会議員の問題意識、旧静岡市民・市議会議員のほとんどが清水に関心のないことを知って、改めて悲しい思いであった。

清水区民も自ら意思表示をなかなかしない、行動を起こさない、土地柄なのか行政に任せきりな態度のように感じた。できれば少しでも意思表示をして、無理なくできる小さな一歩を踏み出してほしいと思った。

火力発電の建設は中止となったが、清水区の辻、江尻をはじめ湾岸に生活している住民の安心・安全が守られたわけではない。引き続き地域商店会・自治会等が力を合わせれば、安心・安全なまちづくりの下で、外国からの観光客も招いて賑わいが創り出されると思う。私もその小さな力になれれば幸いだと感じた活動だった。

「ぼくたちの署名活動」

清水区　M・M

昔からぼくたちの街にあった東亜燃料は、いろいろな形で地域に貢献し、大勢の社員が働くふるさと清水の自慢の企業でした。しかし時は流れ、こともあろうにその会社が、JR清水駅のすぐ近くにLNGを燃料とした火力発電所を造ると言い出しました。

すぐ近所に暮らすぼくたちは、この発電所が出来ると多くの市民が暮らす街の環境が悪くなり、近年言われている南海トラフ地震が起きたらものすごく危険、巨大な発電所の大きな煙突が富士山を望むすばらしい景観を邪魔するなど、こんな建設計画は「いくらなんでもありえない」とすぐに建設計画反対に動き出しました。

建設計画反対の一番てっとり早い運動は建設反対の署名を集めることです。ぼくたちは建設反対を訴え、街に出て署名活動を始めました。街頭では市民と対話して、あり得ない火発建設計画の実態を知らせ、建設反対の署名をお願いしました。街頭での建設反対の署名集めは何回も行い、多岐にわたりました。

とにかく人の集まるところでと、JR清水駅前、清水駅前銀座入り口、静岡駅地下コンコース、草薙駅前で道行く人に、いかにこの火力発電所建設があり得ないかを熱く訴えて、反対の署名集めをしました。

イベントも大勢人が集まります。七夕祭り、みなと祭り、福祉のまつり、マグロまつり、ひまわり集会などなどで署名を集めました。

公園にも人が来ます。庵原川公園、県立美術館の公園、駿府城公園、秋葉山公園などで家族連れに訴えました。さらに、近年清水港には大型客船が寄港しています、その入港に合わせての港での建設反対の署名活動も数回に上ります。地元の期待「清水エスパルス」のホームゲームのある日もサポーターに署名をお願いしました。

署名集めは時期を選びません、市町対抗駅伝で応援をしながら、そして何と正月の二日にも署名を集めました。街頭署名だけでなく、建設反対の運動に携わってきた人たちはみなさん、家族や友人知人地域の人たちに署名をお願いしました。

アイデアマンの眞田さん提案の「ともだち署名作戦」も大きな成果を挙げました。彼の提案は、だれでも友達や知り合い、近所の人など6人ぐらいはいるでしょうから、まずはその6人くらいの人に、このとんでもない火発計画を知らせ、署名の趣旨を理解してもらい、さらにその人たちから反対の輪を広げてもらうということでした。実際この作戦で多くの署名が集まりました。

さらに眞田さんは、地域住民がこの火発計画をどう受け止めているかの意向調査を企画しました。調査の結果、地元の江尻地区、辻地区、袖師地区で建設反対が多数ということが分かり、しかも意向調査の回を進める毎に反対する人の率は増えていきました。この意向調査の中でも署名をお願いして、火力発電所建設反対は大きな渦となっていきました。

このようにして2年余りで集まった署名は4万余、署名をしてくれた人の思いは数となり、そして地元住民の圧倒的多くが反対という意向調査の結果が、ＪＸＴＧにこのとんでもない建設を諦めさせる決断をさせた大きな力になったことは間違いありません。

「外から見た清水の市民運動」

富士市　伊東 秀夫

ほんの一握りの人が活動し、多くの住民は見て見ぬふり、これが多くの市民活動の実態だと思います。しかし、清水では自らの信念に基づき、行動できる人が多くいることに驚きました。

県内のいくつかの市民活動を見てきましたが、これほどの数の人が活動の前面に立つ姿は見たことがありません。そしてそれぞれが独自の方法で、必死の思いで、自分たちの主張を伝える努力をしていました。この自分たちの街を守ろうとする強い信念が、建設中止に追い込んだ一番の原動力だったと思います。

そしてもう1つ、地区単位の共塾（意見交換会）と意向調査の実施は、地区の問題は地区で考えて決めていこうとする、民主主義の原点の考え方であり、素晴らしいことだと思いました。

結果的にこの調査で、一部の反対意見ではなく、多くの地区住民の意見ということが明確になり、建設中止の大きな要因になったと思います。

いま多くの地域で住民の意見が出せない状況ができてしまっている日本において、当たり前にものが言える街にしていくことが、我々の責任だとつくづく感じました。そしてやればできるという良い前例を示してくれた、素晴らしい活動でした。

「住民の会の会計を担当して」

清水区　川渕 由美子

２０１５年1月7日、静岡新聞夕刊でこの計画を知った時には、え！こんな計画があるの？寝耳に水、どこか遠いトコロのことじゃないの？みたいな感覚でした。でもだんだんと現実味を帯びてくると「たとえできたとしても何もしないでオメオメと造らせはしないぞ」という気持ちが湧いてきました。それはこの旧清水市で過去2回の大きな公害運動を勝ち取ってきた住民運動の意識が脈々と受け継がれている「賜物」であると思います。

その年の6月に「ＬＮＧ火力発電所に反対する

住民の会」を5名で結成し、一人千円の会費を集めスタートしました。会計をやってと言われ、気軽に引き受けました。中々広がっていかないながらも、はーとぴあ清水で毎週火曜日に定期的に話し合いをするようになると、少しずつ人が集まりだし、その人たちが率先してカンパをしてくださるようになりました。また会議に合わせてカンパ箱を置くといつもカンパが入っているようになりました。カンパの金額　27万4326円。

また楪田さんが作成した小さなQ＆A「東燃LNG火力発電所は危険すぎる」を説明の糸口として渡す時にもカンパとして百円頂きました。後にA4判のカラー改訂版もとても分かりやすい資料となりました（資料四）。パンフカンパ1万3800円。

2016年1月に楪田さんが郵貯の口座振り込み用の通帳を作り、その口座に振り込みをしていただいた方は延べ11人、振込額は10万4000円、また講演会、学習会、デモ等でのカンパ額は10万3452円でした。

その後2016年10月に6団体が合同連絡会として構成されてからは、カンパは6団体の資金となりました。2017年10月までのカンパ額は、49万5578円にもなりました。

大きな支出としては、紙代、印刷代、資料コピー、会議室使用料、講師謝礼、デモの際の交通安全㈿と公園使用料、横断幕、旗代、議員へのアンケート郵送料でした。

支出合計は46万5386円　残額3万192円は、この運動の記録を出版する費用に充てることになりました。

会計を務めていても、カンパが常に潤沢にあり、支出に口を挟むことなく、お金を出すことができてとても楽でした。

収入となるカンパを通して人々の善意を受け、支出として自らの活動を支えていた人々の熱い気持ちを感じていました。

「建設中止」という結果に実を結ぶことができ、カンパのお金も生きました。ありがとうございました。

「貴重な経験は私の宝」

清水区　吉田　和美

友人に誘われ、マリナートで開催された第1回の市民フォーラム「巨大な火力発電所～街の姿、子どもの未来はどう変わる」に参加し、危険な計画が進められているのに驚き、何としても止めなくてはと思ったのが運動に入るきっかけでした。

はーとぴあ清水で毎週開かれている住民の会の定例会に出席し、そこで決定した街頭署名、市との交渉・講演会などの活動に参加し、またスマホを使っての情報収集や発信で忙しい日々が始まりました。私が尊敬する方の声掛けで、全国から多くの署名が届き勇気を得ました。我が家の愛犬の主治医である平岡先生にもこの計画について話したところ賛同いただき、院内に署名用紙を置き、実に多くの署名を集めてくださいました。先生の広い人脈を生かし、保守系の市会議員とお宅で何回も話し合う機会を持てたことは有意義であったと感じます。

２０１７年7月待ち望んでいた川勝平太県知事と住民グループとの面談が、中澤通訓県会議員の尽力により実現しました。かねてより県知事は計画に難色を示している様子でしたが、この会談でその意向を明確に伺うことができ参加者一同大いに励まされました。

２０１７年12月6日、清水マリンターミナルにて中澤議員の県政報告会が開催され、住民グループのテーブルも設けていただきました。中澤議員はＬＮＧ火発計画には反対であると明言され、地元清水に影響力ある中澤議員を通して市民への広報に期待を抱かせてくれる嬉しい報告会でした。今回の計画中止は、ＪＸＴＧの会社事情、県知事・市長の街づくりへの方針などもありましたが、反対する人たちの必死な闘いが実を結んだ結果と思います。私が火力発電所計画を知る前、2年もの間反対運動をしてくださっていた方々に、心から感謝しています。

そして皆様と出会えたことが、私の宝となっています。

「貴重な経験を自然豊かな街づくりに」

清水区　才茂 清美

「行って来ます！」と玄関を出ると私の自宅マンションのエレベーター前からは，雄大な富士山と清水の街が一望できる。この景色を眺めながら、いつも思い出すのは、この美しい街を守りたくて無我夢中だった日々のこと。

私が東燃（ＪＸＴＧ）によるＬＮＧ火力発電所の建設計画を知ったのは、２０１７年４月、同じ馬走に住む吉田さんからのラインでした。「エー？こんなところに火力発電所が出来るの？」

はじめはあまりピンと来ていなかった私も、小野森男弁護士による講演会や反対する住民の会の皆さんの作成された多くの資料を見たり、自分でインターネットを使ったりして、この計画は、排出されるガスによる住環境や人体への影響が多大であること、近く予想される南海トラフ地震による津波により、その被害は計り知れないことが分かりました。

このトンデモない計画を何とかして止めたい!!吉田さんご夫婦と一緒に毎週はーとぴあ清水で開かれる住民の会の定例会に出席し、会の方々と一緒に街頭署名、デモ、講演会に参加するようになりました。また松田先生から、発電所の煙突（60～80ｍ）の排ガスにより高層マンションは、高濃度のガスに包まれることを伺い、明け方に見た光景が逆転層であったことを知り本当にショックでした。

こうした事実を含め、少しでも多くの人にこの計画を知らせるためにマンションでの学習会を計画、幸い同じマンションに住む様々な活動に取り組まれている石垣さん、そして管理人さんの協力もあり、２０１７年７月マンション集会室で松田先生、田島先生、住民の会の眞田さんを講師に招き、学習会を開催することができました。講師陣の熱心な説明で理不尽な計画についての理解は深まったと思います。その後住民の方から署名の協力もいただき、特に小さな子どもを持つ若い方々が署名とともに広くこの計画を伝えてくれたことは大きな力となりました。反対する住民の会の皆さんの地道な活動が実を結び、この運動が勝利で終わりホッとしました。

反面、住民の安全や健康より経済優先の行政・市議会のあり方や、人口流出により低迷している清水の街を今後どのように立て直し、活性化させていくか等、課題の多さに目を向けることができたのも運動に参加したからこそです。この貴重な経験を自然豊かで活気ある街づくりに生かせるよう、今回の活動を通して繋がることができた多くの皆様と共に歩んでいきたいと思います。

第四章　運動を牽引したリーダーたちの回顧

事業者が計画を撤回して、私たちの運動は終わった。３年間にわたって６つの団体がそれぞれの方針で活動し、その６つの団体が連絡会を通して協力し合って運動は続けられた。素人集団の故に方向を失いかけたそれぞれの団体をまとめ、牽引してきたリーダーの存在は大きい。そのリーダーたちの苦労、回顧は今後、同様の運動に貴重な指針となろう。

ＬＮＧ火力発電所問題・連絡会

連絡会代表　富田　英司

５年間の沖縄移住生活を終えて、清水に帰ってきた途端、２０１５年１月に東燃ゼネラル石油の清水火力発電所問題が起こった。

その反対運動の中心をなした「連絡会」の代表になるとはまったく考えてもいなかった。しかし、６団体がバラバラに活動している現状を見て、沖縄で体験した「オール沖縄」（保守系団体から左派系団体まで結集）の立場から６団体の結集を呼び掛けた。事実、６団体が結束し活動を開始して反対運動が飛躍的に発展したといえる。

実は代表を引き受けた理由がもう一つ。ＪＸＴＧの社長・杉森氏に一度だけ個人的に手紙を出したことがある。「私たちの反対運動は、清水の過去の『東燃タンク増設反対運動』や『三保火力発電所建設反対運動』等の闘いの歴史と先輩たちの努力（清水の住民の健康を守りたい）を引き継いでいる。特に、『三保火力反対運動』指導者の乾先生は『赤ひげ』先生と呼ばれ、清水のぜんそく患者にとっては『神様』『仏様』『乾先生』であった。こうした先輩たちの『志』を引き継いで、子・孫の世代のためにも、火力発電所建設を阻止する覚悟です」と書いた。

代表を引き受けてから、多くの人から「富田さん大変ですね。色々意見の違う人たちをまとめるのは」とよく言われた。確かにまとめるのに苦労した。しかし、沖縄で学んだことが役に立った。

それは「組織をまとめて行くには腹六分の発言にしなさい」との翁長前沖縄県知事の言葉。それが今でも、本土の各種の運動で大変役に立っている。正直言って、本土の色々な運動の最大の欠点は「まとまらないこと」「バラバラに頑張っていること」だと思う。私自身も、まだまだ道半ばである。

ＬＮＧ火力発電所建設を考える協議会

代表　望月　正元

運動を振り返り、印象に残る活動を以下に列挙した。

２０１５年３月19日、県知事宛てに申し入れ書を提出した。

２０１６年３月１日、市民有志３団体で静岡市長へ公開質問状（資料一⑵）を提出し本格的な交渉が始まった。

２０１６年３月30日、市長への公開質問状の回答は経済局長名で「中立です」だった（資料一⑶）。

２０１６年８月18日、反対する住民の会が事業者に要望した対話集会で、１８０名が参加し、反対の声が高まった。この説明会は時間切れとなり、再度の対話集会は事業者が拒否した。

２０１６年10月26日、再度の公開質問状を静岡市長に手渡し（資料一⑷）、市長は「１００年の大計に立ってみなさんの発言をきいて考えていきたい」と答えた。

２０１６年10月31日、辻交流館での事業者説明会でも会場は反対する声が響き渡った。

２０１７年５月11日、さらに団体の数が増えて６団体で県知事・市長・市議会議長への要望書を提出し、副市長、議長と面談した。副市長は「市の立場は中立であり市民の利益が第一である」と語った。

２０１７年７月６日、旧東燃ゼネラル（合併してＪＸＴＧ）との交渉を行った。この時、私は異変を感じた。それまでの交渉では「俺が東燃を背負っている」とヘラクレスみたいな格好をしていたマネジャーの中舘氏の様子が違うのである。油のぬけた鯖みたいにサバサバしていたのである。

私が「準備書提出の遅れは？」と聞いたら「色々ありまして」と言って黙ってしまった。

２０１７年９月８日、ＪＸＴＧが「準備書」提出の先送りを発表した。私たちはさらにデモなどを続けた。

２０１８年３月27日、ＪＸＴＧは発電所建設中止を発表した。

東燃ゼネラルとＪＸホールディングス株式会社の合併が中止理由の１つであっただろうが、運動を続けてきた市民の主体的行動がこの結果を導き出したのは間違いない。この闘いを通じてつくりあげられた運動体は今も生きている。素晴らしい財産を残してくれた東燃さん、ありがとう。

清水の将来を考える会

代表　望月　國平

新清水のサンルートホテルで、川勝知事の「新春講演会」があり、知事から「東燃火力発電建設予定地はサッカー場が良い」との話があった。それまでは石炭火発でなければ良いだろうと簡単に考えていたので、そんなことができるのかとビックリした。３年前、２０１５年２月であった。

清水の経済界の社長たちが１５０人くらい出席していたが、その後、知事の名案に向けて動こうという話は何処からも聞こえてこなかった。知事は専攻の「海洋文明」に関して、世界中の港を回っている。それを踏まえ風光明媚な清水港を考えた時に危機感を抱いていたのだろう。火力発電推進の立場だった田辺市長との軋轢を懸念しつつも清水を助ける積もりで、地元経営者たちの前で考えを打ち明けた。にもかかわらず誰も動かない。「何だ清水は、だらしないな。これだから清水は良くならないのだ」と、知事に思われてしまうことを心配したものである。

フタバコーケンの中村彰男元社長に会った時に話したところ、彼から「知事は正月のグランシップの商工会議所の新年会で、そのサッカー場の話をしたよ」と言われた。それではこのことを清水区民に広く知らしめて区民に判断してもらおうと、4～5人が集まり、啓蒙活動のため「清水の将来を考える会」を結成した。

スタート時は、「火力発電が出来てから、やはりサッカー場の方が良かったネ。あの人たちが言っていることが正しかったんだね」と清水区民に反省してもらいたい、というような思いだった。勝算のない運動が始まった。相手に「宮沢賢治の『雨ニモマケズ』ですよ。『皆ンナニデクノボートヨバレ、クニモサレズ』です」と話し掛けながら運動に取り組んだ。

やるからには勝たねばならないと、2016年7月に市民フォーラムをやることになった。市民フォーラムが終了する少し前にマイクを渡された天野進吾県議から「清水は福岡市の博多を見習え。ボストン港はたくさん木が植えてある。当該場所に木をいっぱい植えなさい」と指導いただいた。確かに福岡市は博多港のおかげで繁盛している。翌日、天野先生の事務所をお礼に訪ねたら、「今回の火力発電は既定路線で議員、行政、経済界等が推進で決まっているから撤回は難しいぞ！」と忠告された。

それ以後、火力発電反対の運動をされている皆様に仲間に入れていただき、「デモ」や「チラシのポスティング」「駅前でのチラシ配り」「署名活動」とどれも初めてで戸惑いながら、先輩たちの後について活動した。

識者、政・財・業界、地元住民を招いて、フォーラム、講演会、意見交換会を計7回行った（第二章九⑴⑵）。各種の運動をしてみると、市民の多くは、デモをしても振り返ってもくれない。チラシのポスティングをしても、ほとんど反応もないし、チラシ配りや署名活動でも、なかなか受け取らないし、署名してくれない。苦しい活動が続いた。

水面に投げた石の波紋が広がっていくような状況には遠かったかもしれない。それでも、小野弁護士による3回の静岡新聞紙面への「意見広告」や、皆で出掛けた東京大手町のＪＸＴＧ本社前デモ等により、3月には「発電所計画中止」の発表を新聞で知り、これまでの活動の苦労が報われる結果となった。

ただ、私たちは、これはあくまで「一時中止」であって、また別の計画を持ち出すに違いないと考えている。

活動を振り返って、一生懸命動いていただいた天野先生や小野先生の活動から「如何に葵区の方々の力が大きかったか」という反省すべき問題が残った。清水に生まれた子どもや孫たちのため、清水区民がもっと一生懸命考え、どういう清水を残したいのか突き詰めていくべきだった。

そもそもこの街は静岡市の東の玄関口であり、「海洋文化都市」を標榜し、インバウンドを期待して観光に力点を置くという方向が打ち出されている。火発建設はいわば真逆の計画であった。富士山世界遺産との絡みもある。目先の経済効果に目を奪われることなく、景観、大気汚染等失うものの大きさを肝に銘じ、後世から指弾を受けぬよう市民、議会、行政が一体となって考えなければならなかったのだ。

戦後、先達の皆様の血の滲むような努力により造船、製材、缶詰と我がまちは全盛を誇った。が、後に続いた私たちを含む世代は、次世代産業開発のため汗をかく努力が足りず、一部の企業を除いて「幸運の女神」から見放されてしまった。ここでもう一度女神にほほ笑んでもらうためには、行政や政治家に頼るのではなく、市民一人一人が明日に向けて力を合わせて頑張らなくてはならないだろう。

今後１００年、清水港や静岡市の趨勢に大きく影響する重大な案件にもかかわらず、区民の積極性を一部の方々にしか感じられなかったのは、非常に残念であった。私たちの「清水の将来を考える会」の設立趣旨である「市民の皆様に火力発電所建設の是非を問う」が多くの市民の賛同を受けたとは言えず、九州や北陸を訪ねた時のような地元に住む人々の熱意が清水では見えなかった。「住民一人一人がもっと清水を愛さなければ、この街は良くならないよ！」と改めて訴え、話を締め括りたい。

ＬＮＧ火力発電所に反対する住民の会

共同代表　松永 行子

この度の計画が発表された時、私は清水における2回の大きな公害反対運動（東燃ゼネラル石油㈱石油精製工場増設、中部電力㈱石炭火力発電所建設）に参加したことを思い出しました（参考文献1・2・1）。大気汚染によるぜんそくなど清水区での健康被害の増大は、内科医として見逃すことはできないと立ち上がった乾達氏をリーダーとする運動は勝利することができました。乾医師から学んだ「地球の環境を守るためには、自分の住む地域の環境を守る行動が大切」という言葉は、私がこの運動に入るきっかけとなりました。

今回の計画では、呼吸器疾患をもたらす窒素酸化物が増えてしまう上に、既にＬＮＧ基地、石油タンクが建つ所へ新たな危険施設が造られれば、災害リスクを高めてしまう恐れがあることを知りました。計画発表から半年後、2度の運動を闘った友人たちと「ＬＮＧ火力発電所に反対する住民の会（住民の会）を立ち上げ、毎週「はーとぴあ清水」で定例会を開催してきました。同じ曜日に同じ場所での会合は新たな参加者を増やすのに効果的でした。3年に及ぶ住民の会の運動を振り返ってみます。

住民の会の運動の特徴は、思いついたことは、一人でも、あるいは気の合う仲間とすぐ実行し闘ったことでした。

地域防災のリーダーであった仲間は、小川進・長崎大学教授の講演会（第二章九⑴①）資料をチラシにして、5千枚をポスティングして回りました。このチラシをみてＬＮＧの怖さを知り住民の会に入った人もいました。また、清水港でのＬＮＧタンカーの係留索に安全性が確証されていないことを事業者、行政に認めさせたことも実に価値ある活動でした。

新妻信明・静岡大学名誉教授の講演を実現させるため、仙台のお宅まで説得に伺った仲間もいました。この講演（第二章九⑴④）をまとめたパンフレット「東燃ＬＮＧ火力発電所は危険すぎる！」（資料四）は市民向けに最適でした。さらに、これに基づいて、県議会議長に宛てた陳情書を6375筆の署名とともに提出しました。残念ながらこの陳情書は県議会で審議されず、署名簿は返却されましたが、2017年2月に、「LNG火力発電所建設を考える協議会」の請願書に添えて市議会に提出しました。市議会はこの請願を真摯な審査もせずに不採択としました（資料六）。

県、市への公文書公開請求、県民の声・市政への提案は137件（570項目）に達しました。これを一人でやった駿河区の仲間の執念ともいえる粘り強さには感動しました。行政の担当職員にとっては回答に神経を使い大変な時間を費やしたことだろうと想像します。中止が決定し一番ホッとしたのは、彼らだったかもしれません。

清水港に寄港する香港、アメリカのクルーズ会社などへの英文の手紙、クルーズ船寄港への影響を懸念する県知事への手紙は、県知事の反対表明を後押ししたと感じます。またこれは私たち市民の国際親善に対する止むに止まれぬ心を表したものでした（資料十四）。

清水区選出の市会議員に建設の可否を問うアンケートの実施は、議員の無責任さを知る機会となりました（66頁　表2・1・2）。建設には反対だが、所属会派の意向に従わなくてはいけないという議員の考えは変わりませんでした。

署名活動は、陳情署名と請願署名を実施しました。街頭での署名は、写真展、シール投票と一緒に清水駅前、静岡駅地下、マリンビル前、公園などで40数回実施しました。道行く人にマイクで呼び掛けた労働組合の方、熱く前向きで決して諦めない熱意は見事でした。見て分かる写真展、署名より気軽なシール投票も街頭署名を盛り上げました。

ジャンヌ・ダルクのようだと言われた女性の下でのシュプレヒコールで、集まった人たちの心が一つになりました。デモ行進で愛唱歌となった応援歌「まもれ愛しい清水」を歌い、生まれて6カ月の女の子がお父さんに抱かれての参加は皆の気持ちを和ませてくれました。太鼓隊を先頭に、個人個人の創意工夫によるプラカードでのデモ行進は、道行く人たち、マスコミを通して市民への大きな広報となりました。

住民意向調査は、真剣に粘り強く闘えば道は開けることを教えてくれました。反対が60％を超え、マスコミや市議会で取り上げられ、大きな反響を呼びました。この数は、建設予定地の前面の全地域（江尻、辻、西久保、袖師、横砂）の住民の意思を表し、住民は建設に反対であることを証明することになりました。当初の目的である「住民の声なき声を数字として表面化する」ことができました。日々の決して諦めない真剣な活動に市民が共感したのだと思います。これに倣って、３地区の自治会が自主的に意向調査をし、自治会として建設反対を表明しました。

広い交友関係を生かして県会議員、県知事面談に尽力した会員、新聞投稿や事業者・県知事、市長へ手紙で訴えた多くの会員、活字離れが進む若者のためにブログを立ち上げた会員もいました。計画の進展を報じたテレビ番組の録画に力を注いでくれたご夫妻、新聞記事をメールで広げてくれた会員のお陰で情報が共有できました。清水区の教会を回りたくさんの署名を集めてくれた牧師さん、意気消沈していた時期に救世主のように現れた有度のご夫妻とそのお友達、そしてご夫妻のペットの主治医へと運動の輪は広がりました。

デモ行進における警察への面倒な申請を引き受けてくれた会員、たくさんのプラカード、写真展の脚立の保管や運搬に苦労された会員、細かな会計の仕事を引き受けくれた会員、富士火発反対運動の貴重な経験を教えてくれた富士市の方など多くの人たちの協力で運動が継続できました。会には参加はできないが署名を集めてくれた人たちも運動の仲間です。みんなの力で火発建設中止に追い込みました。

２０１８年3月28日の静岡新聞の清流欄にこんな記事がありました。「人口流出が顕著な清水区、様々な原因が指摘されるが、産業の衰退や津波リスクのある海への近さなどが挙げられている。最近も市役所清水庁舎や病院の移転、火力発電所建設をめぐり反対運動が起き、海辺に住む危険性が同時にクローズアップされる形になった。誤解を解くために書くが、住民は何もかも新しいことへの受け入れに反対というわけではない。海を愛し、郷土を誇り、関心が高いがゆえに、地域の問題を放っておけない人が多いのだ。一度暮らすと離れがたい、情の厚いまちなのだ」。私たちの運動を理解してくれたのだと嬉しくなりました。

運動を通し静岡市・市会議員・自治会の姿勢、そして、若者の無関心さなど多くの課題が見えてきました。

静岡市とは、何度も交渉を重ねましたが、市民の安全に積極的に手を差し伸べることなく、法的には問題ないから建設を中止できないとする姿勢は変わりませんでした。

自民党、公明党、志政会に所属する市会議員は、党の決定を重視し、自分の意見を明確にしない無責任な態度でした。この静岡市、市議会議員の姿勢は、過去の2回の反対運動のときと全く同じでした。

大多数の地元自治会は「中立なので関与しない」と最後まで傍観していました。理由はお祭り等での寄付、関連する企業に勤務する人が住んでいるからのようでした。しかし、江尻地区伝馬町および宮代町自治会が開催した「事業者と反対住民の言い分を聞く会」（第二章二(2)）、また辻地区大和町自治会と江尻地区伝馬町自治会が提出した反対決議は、本来の自治会のあり方を示してくれました。

清水火力発電所から子どもを守るｍａｍａの会

共同代表　白鳥 芙実・高木 由美

私たちには、何よりも子どもが大切です。大切だから、明らかに子どもに危険なもの、子どもの身体に影響を及ぼすものが生活の場の中に建設されることを強く懸念しています。

私たちは、子どもを守りたい、自分の命に代えてでも、守ってあげたいのです。しかし、一般市民としての私たちには、企業活動を止めることができません。止めるには、行政の政治的判断しかありません。このように考え、この計画の中止を、県知事、市長に訴えてきました。

メンバーには、ぜんそくに苦しんでいる子や、呼吸器系の弱い子を持つ母親がいます。今の清水の空気より、ごみ処理場11基分（第二次縮小計画）の排ガスが増え、CO_2や窒素酸化物が増えれば、身体の未熟な子どもたちはこれまで以上に苦しむことになります。何よりも、子どもに無事に、苦しまずに、生きていってほしいと望んでいます。

メンバーには、東日本大震災を経験した者もいます。強い揺れで横転したタンカーからの火災で、自宅が全焼したそうです。この発電所が出来ると、清水はタンカーが今より多く来ます。「日本には津波が来る。発電所は危険だ」と日本中が発電所の建設場所を考えるようになりました。利益を求める企業が造りたがるのは当然ですが、行政には、その危険性から、私たちを守っていただきたいのです。

活動は以下の通りです。

① 市民への運動の拡大

＊署名運動（ネット署名、請願書）
＊静岡駅周辺での街頭アピール
＊チラシ、横断幕等の作成
＊清水駅周辺地域へのポスティング
＊勉強会の開催
＊ブログ、ツイッターでの情報発信
＊タウンミーティングでの問題提起
＊メディアへの情報発信（朝日新聞、SBSテレビ等）

② 行政、議員への訴え

＊「県民のこえ」「知事への提言」「市政への提案」
＊市の関係各職員との面会
＊市長との面談、意見書提出
＊市議（清水区）へのアンケートおよび意見書配布
＊市議との意見交換会
＊県知事との面談、意見書、要望書提出
＊県議との意見交換会
＊市議会へ陳情書およびネット署名の提出

③ 企業への訴え

＊旧東燃および静岡ガスとの意見交換会

＊現地見学会（ママの会単独3回）

④　その他

＊市民フォーラム、地域説明会への参加

＊地元関係者、市民団体、商店街等との話し合い

マークス・ザ・タワー清水・東燃ガス火力発電所建設に反対する住民の会

代表　田島　慶吾

私たちの会（マークスの会）は、直近にLNG火力発電所建設計画があることを知って危機感を持ったマンション住民有志により作られました（会員51世帯）。当初は、発電所建設の位置さえ定かでなく、何となく「近くに火力発電所が出来る」程度の認識しかありませんでしたが、「反対する住民の会」の例会にマンション住人数名が参加し、そのあまりの近さに愕然とし、火力発電所建設絶対反対の立場を取ることとなりました。その後、「考える協議会」「反対する住民の会」と共に反対運動を行ってきました。

マンション内では約50世帯が反対を明らかにしましたが、実働部隊は8世帯13名で、月1回の例会を開き、活動の方針を決めていました。その結果、

①　マンション住民に対し、アンケート調査を行い（回収率60％）、90名（134世帯中）の住民が建設に反対であるとの結果を得ました。この結果は東燃および静岡市に提出しました。

②　地元説明会とは別に、当マンション住民を対象とした説明会を東燃に要求し、実施しました。特に第2回目の説明会は6時間に及び、東燃幹部を追及しました。

③　当マンションでは若い家族が多く、お子さんを抱えている当会のメンバーもおり、生活、子育てに不安を抱えていると訴えるために市長と面談を行いました。

④　東燃の株主に東燃の発電所建設に地元住民の多くが反対をしていることを知ってもらうために、東燃の株主総会にメンバーが出席し、発電所問題に関する質問を行いました。

⑤　マンションの臨時総会を開催し、発電所建設反対を議題として提出しました。わずかに過半数に届かず議決はできませんでした。

⑥　マンション内でのビラ配布、掲示板への掲示、学習会等を開催しました。

マンションの住民の反対運動が一挙に勢いを増したのは、２０１５年11月に出された「清水天然ガス発電所建設計画環境影響評価方法書」に対する静岡市長の意見書の中で次のような記載が発見され、マンション内の掲示板に掲示されてからです。窒素酸化物による大気汚染について書かれていました。

「事業実施区域周辺および影響が及ぶと想定される地域は、住居地域に加え、山や海等の存在により大気の流れが異なることから、これら地域特性を踏まえ、短期的高濃度条件等（ダウンウォッシュ、ダウンドラフト、逆転層等）の影響も考慮し、適切な予測および評価を実施すること。特に、事業実施区域周辺の高層住宅に関して、当該建築物が風下となる風向で、ダウンドラフトが生じるような条件下では単純な濃度予測値を超える大きな値となることが推測される」

この「意見書」の中で言及された「事業実施区域周辺の高層住宅」とは当マンションのことで、「意見書」は特に、マンションについては、「単純な濃度予測を超える大きな値」の汚染（窒素酸化物による）に晒される危険があるとしているのです。つまり、ＬＮＧ火力発電所によって最も大きな大気汚染に晒される恐れのある場所は、当マンションであることを行政が認めているということでした。この行政の認識が反対運動の必要性をますます強めたことは当然ですが、また同時に、反対運動潰しの動きも活発化しました。この反対運動潰しの動きは、驚くべきことに、当マンションの住民がつくった「えじりあ住宅部会自治会」から始まりました。

反対運動を行うに当たって、驚いたことは、マンションの住民の利害を代表すべきマンションの住宅部会役員会が運動潰しに奔走したことです。最たる妨害工作は、「マークスの会」が例会を開いていたマンション内のオーナーズラウンジ（マンション住民の共有の部屋）の使用について規則を変更して禁止しようと、総会に議題を提出したことです。この動きに対し「マークスの会」の顧問弁護士に依頼し、そのような規則改正は法律抵触の恐れがあると、内容証明付きの郵便で伝え、結局、役員会は総会の当日に議題を撤回するという敗北を喫したのです。

この例が示すのは、人は自己の利益のために行動するという当たり前の行動原理を持つとともに、自分の利益が何であるかも分からなくなってしまうということでした。自分の狭い、短期的な利害は分かるが、視野の広い、長期的な利害は分からない、という人がいかに多いことか。これが反対運動から学んだ一つの教訓でした。

また、「マークスの会」の運動は、住民が強制的に加入させられていた辻地区自治会からも圧力を受けました。これに対抗するために、当マンション世帯からなる大和町自治会役員（会長を含め6名）全員を「マークスの会」メンバーが占め、辻地区連合自治会との「戦い」に挑みました。その結果、マンション入居時の自治会への強制加入は違法であることが分かり、大和町自治会名で自治会加入の意思を再確認したところ、加入したいと回答したのはわずか数世帯に止まり、残りの約125世帯は脱会しました。

以上のような様々な妨害工作に遭いました。特に「マンション」という隣に誰が住んでいるか分からない、近所付き合いもない人々の寄り合いという特殊な環境では、意思統一の困難さは想像以上でした。しかしその中でも常識と良識のあるマンション住民の支え、また、この運動を共に闘った「考える協議会」、「反対する住民の会」の人々の誠実さと勇気を知ったことはかけがえのない財産です。何よりもまず、社会は私たち市民がつくっていくのであって、一企業の利益、その利益のおこぼれにあずかろうとする浅ましい人々、中立と言いながら企業の側に立つ行政が社会の中心ではないことを今回の反対運動が示してくれました。

当初、投資総額1000億円といわれた発電所建設計画が住民の反対運動により潰れることは99％ないだろうと思っていました。しかし、そのような諦めこそが相手を利するものであり、相手の思うつぼにはまることであると実感しました。市民の多くが反対すれば、社会を変えることができるのです。「マークスの会」が運動を共にした「考える協議会」、「反対する住民の会」の人たちと仲間になれたことが建設中止の成果と並ぶ、嬉しい結果です。皆様、ありがとうございました。

清水の環境を考える女性の会

代表　池田　恵美子

東燃のＬＮＧ火力発電所は危険すぎる！あまりにも人口密集地に近いと、危機感を感じた人たちが集まり、定例会を開いて運動をどう広げていくかアイデアを出し合った。いろいろな職種・職場で働いている人、働いていた人（定年となった方）が集まった。写真が好きなＭさんは、建設されたら世界文化遺産の富士山の景観が悪くなると、建設予定地から見える富士山の写真を撮ってきた。「その写真に建設される火力発電所のイメージ図を合成したらどうか」という意見が出ると、「ＣＧ・クラフトの仕事をしている友人に頼んでみる」ということになって、ポスターができた。初めてのポスター制作であったが、視覚に訴え、インパクトは強く、たくさんの反響があった。口頭やビラ

図 2.2.20 JR清水駅東口での署名風景

で訴えるのに比べて、写真の説得力は抜群であった。

「やりたいことをやればいいんだよ」というYさんの言葉が今も心に残っている。人から言われてやるのではなく、自分がやりたいと思ったことをやる。これが私たちの運動の原点となっていたのではないか。そして学習会、講演会、イベントやお祭り会場や駅前での街頭署名、チラシ配布、デモ、写真展、シール投票、共塾、住民意向調査等、様々な活動をしてきたが、定例会で「こんなことをやりたい」と言うと「じゃあどうしていこうか」。意見を出し合って決まると、みんなが協力してバックアップするという機動力がすごかった。

公共施設のロビーでの写真展が市民への広報に最適であると考えて、はーとぴあ清水の一階ギャラリーで10月3日に開催し、好評で23日まで展示した（97頁 図2・2・6）。

写真展が成功して終わり、せっかく作った写真をどうしようかと考え、駅前銀座の空き店舗を借りて写真展をやろうかと思ったが借料が高く無理だった。そこで駅前銀座で毎月第3日曜日に行われるマルシェの時に写真展をやった。以前、写真ポスターを掲示するパネル板を手作りしてくれたMさんに「今までのパネル板は大きくて持ち運びが大変なので、小さくて折り畳めるパネル板がほしい」とお願いすると、快く引き受けてくれた。Aさんはパネル板を保管して、いろいろな展示場所に運んでくれた。初めて駅前銀座で写真展をやった時、NさんとKさんが掲示を手伝ってくれ、写真展の様子をKさんが写真を撮ってMさんがブログで発信してくれた。Uさんのお店がある駅前銀座の入り口での数度にわたる写真展では、大変お世話になった。

「写真展の時にLNG火力発電所計画に賛成か反対かのシール投票をやったらどうか」という意見が出た。3月には建設に賛成が2票、反対が62票、わからないが13票だったが、5月には賛成2票、反対79票、わからないは5票となった。次第に反対する人が多くなり、わからない人が減ってきた（97頁 図2・2・7）。それだけこの問題が市民に浸透してきていると実感した。シール投票をやっていると、若い人たちが関心を示してくれ、話をするきっかけになった。今度は子育て中の若いお父さんやお母さんがいる秋葉山公園や県立美術館の駐車場でも写真を展示し、シール投票を行った。この頃から草薙地区の女性たちが参加してくれて大きな力になった。その後も、署名活動をやる時には写真を展示すると、立ち止まってみてくれる人など、関心を持つ人が多くなり、写真で訴えるのはとても効果があった。

街頭署名活動を始めた頃は火力発電所の計画を知らない人が多く、呼び掛けても見向きもしてくれず、心が折れることもあった。しかし、県知事や市長の反対表明があってからは、街行く人の反応がよくなり、励ましてくれる人たちに出会うこともできた。

夏の暑い日、日の出埠頭に大型豪華客船ダイヤモンド・プリンセスが入港したので、写真展と署名活動をした。女性たちは、忙しい中、埠頭に出掛けて署名に参加してくれた。回を増すごとに署名の取り方が上手になり、初めの人は署名を呼び掛けて写真を見てもらい、次の人が説明をして署名をもらうというチームプレイもあった。ハンドマイクで長時間訴えてくれたSさん、外国の方と英語で話していた子育て中のKさん、署名に力を注いでくれたKさん等々、たくさんの人が参加してくれた。終わると「大勢でやると元気がでるね」「署名してくれると嬉しいよね」「どうやったら署名してくれるの」「来週も頑張ろうね」とおしゃべりに花が咲いた（図2・2・20）。

汗だくの暑い日、雨が降ったり風が吹いたり、寒さが身にしみる冬の日など大変なときもあった。様々な活動は楽しいことばかりではなかった。嫌がらせを受けたり、怒ったり、泣いたりする苦労もあったが、みんなと力を合わせて運動をして、計画中止を勝ち取ったことが何よりも嬉しい。いい思い出になっている。このような協力体制があったからこそ、1人ではできないことを、みんなで力を合わせて成し遂げることができたと思っている。

なお、以下の問題を提起しておきたい。はーとぴあ清水での写真展が成功したので、市内交流館での巡回展示が有効と判断し、浜田生涯学習交流館、入江生涯学習交流館、有度生涯学習交流館での展示を申し込んだ。しかし、浜田生涯学習交流館館長より、写真に添えられた文章が、静岡市生涯学習施設条例の規定「政治上の主義を推進し、支持し、又はこれに反することを主たる目的として利用するおそれがあると認めるとき」に相当し、住民が利用する公の施設での展示には適切でない、と不許可になったのである。

浜田交流館館長に面談し、この写真展の内容は、政治的なものではなく、条例に反していないことを伝えたが、館長は清水区生涯学習交流館運営協議会（運営協議会と略す）での決定であるという。運営協議会、静岡市生涯学習推進課、浜田交流館館長との個別の交渉、さらに、弁護士を交えての開催要望にも決定は覆らなかった（静岡新聞、２０１７年1月11日報道）。その後、運営協議会では、交流館ロビーにおける展示コーナーの使用は、交流館との共催でなければ使用できないという規定に変更された。

対立や苦情に巻き込まれたくないという『事なかれ主義』に基づいた判断は、自治会の姿勢と同じである。健全な民主主義を築くには、賛成、反対の両方の意見を提示し市民の判断を仰ぐことが大切と思う。公共施設での使用については、もう一度議論を深めてほしい。

第五章　運動のまとめと街の将来

一　運動を振り返って

２０１５年1月、突然の火力発電建設計画が持ち上がり、これに疑問を持ち、反対する６つの会が次々に結成された。地元住民、すなわち、普通の市民、若いお母さんたち、計画地に近いマンションの住民など、そして弁護士、経営者、大学教授、労働組合員などが集まり、それぞれの特徴を生かして、自由に署名活動、学習会、シンポジウム、議員アンケート、住民意向調査などに取り組んだ。一方デモ、街頭署名・宣伝活動、行政・事業者・マスコミとの交渉は、６団体が連携し協力して実施してきた。

この過程で、２０１６年10月、６団体の連絡組織である「清水ＬＮＧ火力発電問題・連絡会」（合同連絡会）が作られ、毎月１回の会合を行った。

２０１８年3月27日、ＪＸＴＧエネルギー㈱は、市民、行政の理解を得ることができないとして、計画撤回を発表した。川勝静岡県知事、田辺静岡市長が共に街づくりへの影響を理由に建設反対、計画再考の要望を表明したこと、東燃ゼネラル石油㈱がＪＸＴＧエネルギー㈱に統合され、経営戦略の変更があったことなどが撤回の理由と推測される。しかし、４万５０００筆を超える署名が集まり、反対の輪が広がってきたことを事業者、行政も無視できなくなったのではないか。６団体の地道な運動が実を結んだ。

私たちの運動の特徴は、思い付いたことは一人でも、また気の合う仲間とすぐ実行に移し、諦めずにやり抜いたことだった。市民の安心・安全より利益を優先して真実を伝えなかった企業の実態、真実を分かりやすく正確に市民に伝えることが役割であった。チラシの配布は10万枚を超えた。このチラシを見て運動に参加した市民も多い。

共塾と銘打った学習会は、ふつうの市民が講師となり、計画の実態、危険性を市民に説明し、共に話し合う場だった。

街頭での署名活動は写真展の開催と一体で清水駅前、静岡駅地下通路、クルーズ船が入港した清水港、イベント会場、各地の公園などで40数回実施した。署名の総数は清水区民の総数の４分の１に達した。13回に及ぶデモ行進は、６団体が集結して協力した市民への最大のアピールだった。

一方、署名とともに県議会議長に提出した陳情書は審議されなかった。また、２回にわたって静岡市議会議長に宛てた請願書も、十分な審議のないまま不採択となった。市会議員に宛てたアンケートは大半の議員に無視された。市民の代表である多くの議員、そして議会が信頼できるものでないことを知った

「公文書公開請求」「県民の声」「市民の声」は１３０回を超えた。これらに対する行政の回答はほとんどが形式的であり、おざなりであった。しかし、行政との度重なる交渉の資料としては非常に役立った。

新聞投稿、また事業者、県知事、市長へ直接、手紙でも訴えた。香港のクルーズ船運航会社「ゲンティン香港」など６カ所への英文手紙、県知事に宛てた火発計画が及ぼすクルーズ船寄港への影響ついての手紙（資料十四）は、県知事の反対表明を引き出す効果があったように思う。ＳＮＳを駆使してブログやフェイスブックなどを通じて世界に発信した。街宣車の運行、大気汚染のバロメーターであるウメノキゴケ調査、住民意向調査など思い付くことはすべて実行した。粘り強く戸別訪問を続けた意向調査は回を重ねる毎に建設反対の回答数が増えていき、全体では建設反対が60％を超えた。日々の地道な活動に市民の共感が高まり、独自の判断で自らの町内で意向調査をし、建設反対表明をするという自治会が３地区で現れた。これは今後の自治会活動のモデルとなるであろう。

元・静岡県弁護士会長による３回にわたる新聞紙上での意見広告は、静岡の街をどのように創っていくのかを市民一人一人に問い掛け、市民としての役割を啓発した。地元の専門家だけでなく、遠く長崎、仙台から専門家を呼んで、学術講演会

やフォーラムを開催した。さらに、地震、津波、地域社会の形成、市民の安全などに関する大学や研究機関の有識者からのアドバイスは、時には断片的、感覚的となりがちな市民運動を論理的に支える役割を果たした。

デモ行進での警察への申請、建設反対の横断幕やのぼり旗、マグネットシール、たくさんのプラカード・写真展の準備、機材の保管・運搬、さらに、富士市での火力発電所建設反対運動の経験に基づく貴重なアドバイスなど表に出ない陰の貢献も数々あった。

企業利益に走る事業者、本来、住民を守るべき政治、行政のマンネリを突き破り、自らの住む町を守るのは一人一人の市民、住民であるという認識をこの運動で培った。日頃関心の薄い地域環境の大切さを体感した運動でもあった。

二　なぜ住民運動が必要だったか

なぜ私たちは、住民運動に立ち上がったか。それはどうしてもやらざるを得ない理由があったからである。

公・民のいずれの事業であっても、地域住民の生活、生命を第一に考えねばならない。火発計画では、事業者は企業利益のみを追求し、地域環境は無視した。行政（市）は地域の経済発展を優先し（第一章二(3)を参照）、議会の多数派は行政の方針を是とした（第一章四(1)を参照）。第二章一で川瀬憲子・静岡大学教授は「住民に対して多大な不利益がもたらされる時、それを是正する必要性が生じることになる。そこで必然的に起こってくるのが住民運動である」と述べている。まさにこのような状況に対して、私たちは住民運動を実践したのである。

事業者に対しては、計画の杜撰さ、住民環境無視の姿勢をただしてきた。しかし、事業者は、市の指導に従っていると言う。そこで、市政を監督する立場にある市議会が重要な役割を果たすことになる。

今回の火発計画は清水区の住民にとっては重大

問題であるが、市長は当初、建設に前向きであり、市長の意をくんだ議会はこの地区の問題を真剣に議論しようとしなかった。

議会で市長の姿勢をただした議員に対して、行政から真摯な答弁が返ってくることはなかった（第一章四(3)を参照）。また、4万5000筆を超える署名を集めて市議会に請願したが、審査会（議会運営委員会）では、与党議員の発言は全くないまま、不採択となってしまった。議席の過半数を握っている多数会派の意に沿わない市民の要望は、議論もされずに否決されてしまった。関心のある議員も党議拘束に縛られ、発言は押さえられた。この度のような場合に党議拘束で縛ることは議会運営の基本に反する。その地区を知る議員の判断は尊重されねばならない。共産党、緑の党、「山と町」安全の会の議員は市民に寄り添い、議会でも建設反対を貫いてくれた。しかし、市議会全体としては議会制民主主義を理解していたとはいえない。

このような現状をどう打破したらよいのか。それには、自立した市民、自分の頭でものを考え、仲間に呼び掛け、勇気を持って行動する人が立ち上がるほかはない。住民運動により、世論が多数になれば、意思決定権のある人、例えば当該企業の社長、県知事、市長、議員の意思に影響を与えることが可能となる。

火発計画の撤回を決定したＪＸＴＧエネルギー株式会社の社長の判断には県知事、市長の意思表示が大きく影響したことは間違いない。そして、県知事、市長が建設反対を決断した背景には世論の高まりがあった。その世論を決定付けたのは私たちの住民運動であったろう。

議員、市長を選んだのは住民だが、全権を委任したわけではない。議会、行政を監督し、動かすのは常に住民である。ＤＩＧセミナーが実践しているように（第二章九(2)）、住民一人一人が考え、行動する、その集まりとしての住民運動が必要であることを忘れてはならない。

三　運動の目的は達したか

第一部第三章で、私たちが計画に反対した理由として10項目を挙げた。これらすべてにおいて、事業者からは納得のいく説明が得られなかった。事業計画は撤回されたが、事業者は撤回の理由をいまだ説明していない。危険なＬＮＧ貯蔵タンクは残ったままであり、駅から直視できる汚れたタンク、配管などもそのままである。また、行政、特に静岡市は、事業者の建設計画をそのままおうむ返しにするだけで、これらの10項目に対する市民の懸念に答えていない。すなわち、事業は撤回されたが、運動成果は中途半端だったと言わなければならない。

事業者、行政はこれらの項目を十分に認識する必要がある。特に、事業を始めるに当たっては、事業利益に走ることなく、その地域に信頼されることが第一であること（三方良し：「まえがき」参照）を事業者は認識しなければならない。

市長は経済最優先を市政の根幹に置き、市民生活、生命に意を用いなかった。また、市議会は市民の代理としての機能を果たさなかった。事業の経済性を過信した市長の与党として、事業の内容を独自に検討することはなかった。

そして、もっとも身近で、住民の組織である自治会のあり方も大きな課題を残した。一部の自治会を除いて、事業者とのつながりを重視し、事業者の意向を忖度して、住民の意思が軽んじられた。このようなことは予想もされなかった事実である。

新たな事業が計画されたときは、「環境影響評価法」に従って、その計画が市民の生活環境を破壊するものでないことを示さなければならない。（第一部第五章）。上に挙げた10項目のすべてがこの法の主旨から生じている。10項目についての私たちの質問の度に、事業者も行政も「環境影響評価法に従っている」と答えてきた。しかし、第一章で具体的に示したように、法は曲解され、おざなりに扱われ、法の主旨はないがしろにされてきた。この点を事業者、行政に追及する十分な機会が拒否されたまま、事業は撤回されてしまった。この観点では、運動の目的は達せられたとは言えない。今後の重要な課題である。

四　街の将来を願って

私たちの活動は真の清水の発展、より良い街づくりを目指したものだった。従って、計画の撤回は、清水の新しい街づくりの幕開けを意味する。3年間にわたった運動は終了したが、「清水まちづくり市民の会」に生まれ変わった。

さらに、8つの市民団体（清水まちづくり市民の会、清水のまちを考える市民の会、輝く清水を創る会、清水の将来を考える会、清水庁舎を考える会、庁舎東口移転に反対する会、清水庁舎問題等・連絡会、桜が丘病院の移転を考える会）が「8団体連絡会」を構成し、清水のまちの将来を願って互いに協力し合うこととなった。

今後も、公・民を問わず同様な事業が計画されることは否定できない。民間事業者に対してだけでなく、行政との間にも、この度と同様な問題が生じるであろう。この3年間に培った貴重な経験を無にしてはならない。そのようなときに市民一人一人が知恵を出し合い、協力し合う拠点としてこれらの会の役割がある。

残念ながら、上記の予測は既に現実となった。現在、静岡市（行政）は「賑わいの街づくり」を目的として、清水区庁舎、災害基幹病院である桜ケ丘病院を津波浸水域に移転することを計画している。津波浸水区域に賑わいをもたらすために民間施設と区庁舎を一体として建設し、現在の区庁舎を移転した跡には、8mの高台にある桜ケ丘病院を移転する計画である。市はこれを「攻める防災」と名付けているが、まさに自然の力を軽視したあまりにも無謀と言わざるを得ない計画である。これに対し、県知事は、津波浸水区域への災害基幹病院の移転は認可しないといっている。さらに国交省は、津波浸水想定区域での公共施設の建設は除外するよう求めている。なお、静岡新聞は2019年4月に、静岡朝日テレビは9月に世論調査を行い、ともに静岡市民の半数以上が清水区庁舎、桜ヶ丘病院の移転に反対であるという結果を得て、移転の議論は十分でないと論評している。市はその後、民間施設の設置判断は甘かったとして、区庁舎の建設から切り離し、先延ばしするとした。計画の主目的である「賑わいの街づくり」を断念したのである。「賑わいの街づくり」の一環としての区役所移転であり、主体はあくまでも「街のにぎわい」である。本末転倒であろう。市行政に対して、これまで与党であった市議会各派も批判を始めた（静岡新聞2020年3月10日）。

民間施設の設置判断が甘かったとはどういうことだろうか。民間（商店主など）は津波浸水区域を敬遠するということを考えなかったということである。市民の意向、即ち市場調査も行っていないのである。本書で記したように、JXTGは、発電所建設撤回の理由として、住民の理解が得られなかったとしている。これは、LNG火力発電の危険性だけでなく、津波浸水域の危険性を市民が懸念していることを事業者は認識したことを意味する。これに対して、市（行政）にはこれらの反省が全く見られない。市民のこのような懸念を無視しているか、あるいはこれに無関心であると考えねばならない。市議会もまた、「街のにぎわい」には関心があるが、市民の安全には触れていない。市民の安全があって初めて街は賑わうことに考えが至っていない。上に述べた国、県、世論にもかかわらず、移転計画に固執する市行政に、市民は大きな不安を感じている。市（行政）、市議会の判断力は市民に劣ると言わねばならない。市民が声をあげねばならない極めて重要な時である。このような状況の下で上記8団体を中心にして、現在、区庁舎建設の是非を問う住民投票のための署名活動が進められている（資料十五）。第二章で川瀬憲子・静岡大学教授が指摘している「学習型住民運動」である。

また、県内の他地域に比べ、清水港を巡る海岸線の津波防波堤構築は全く手が付けられていない。市は県が担当であるとしているが、市が、市民が積極的に働きかけねばならない。この度撤回された火力発電所建設計画地は企業の私有地ではあるが、人口の集中する清水区の中心に位置しており、跡地を市民のための緑地、サッカー場などにという要望も聞かれる。清水港奥部（折戸湾）の親水化なども手つかずのままである。これらに対し、８団体は分担、協力しあって活動を始めている。市民の一人一人がこれらの会を拠点として積極的に持続して取り組まねばならない。

行政、議会は住民の生活を護り育てることが役割である。企業は地域社会を構成する一員である。市民と一体となって、この街を創っていくことである。これが私たちの願いであり、私たち市民の責任でもある

あとがき

私たちは素人の集まりであった。ＬＮＧの危険性、火力発電所の危険性、そして環境影響評価とは何かなど全く知識がなかった。ただ、人口の集中している清水駅前を建設地とすることに対する安全・安心、生活への不安を抑えることができなかった。これがきっかけであった。市民運動の典型だったといえよう。

まずは仲間同士の勉強会から始まった。地元だけでなく、遠く長崎、仙台から専門家を招いて客観的な知識を得た。そして単なる不安を越えて地域の生活を破壊する可能性を知った。これを一般市民に伝え、啓蒙、啓発することの必要性に駆られた。県、市の行政、議会に対して行動を促さねばならないと感じた。型にはまった、教えられた市民活動でない、一人一人の思い、行動が集まり重なった3年間へと繋がった。

これらの思いは第二部第三章に「運動に参加した市民の思い」として収録した。本書の中心でもある。私たちの運動の特徴は、思いついたことは、一人で、あるいは気の合う仲間と共にすぐ実行に移し、諦めずにやり抜いたことだった。

同じ清水の三保で石炭火力発電所建設計画が持ち上がり、市民の力で中止となってから四半世紀が経つ。ここで市民運動をリードした「市民協議会」がその活動の記録を残している。『みんなが主役で火力を止めた』である（参考文献1・2・1）。その「あとがき」に「１９９２年のブラジルでの地球サミットは各国産業界のエゴ丸出しの会議で終わった。マスコミが書き立てたような『地球環境を救おう会議』ではなかった」とある。本文に記してきたように、四半世紀経た今はどうであろう。残念ながら我が国の環境政策は、国際的な場できれいごとを見せるだけの作文でしかない。それを見透かすように経済界もまた「地球環境」「地域の生活環境」を手玉に取っているだけである。幸いにして、この度の火発計画は撤回されたが、生活環境の破壊がその理由ではなかった。市民の生活環境に関しては事業者も行政も議会も自治会も無関心であったし、四半世紀前から全く進歩はなかった。少なくとも我が国ではいまだに環境問題が市民権を持っているとは言い難い。今後もどこかで同様な開発計画が浮上するであろう。市民一人一人が常に自己啓発を重ね、次世代のため環境を守る輪を広げていかねばならない。

行政、議会への陳情、請願、話し合いの回数は数えきれない。しかし、住民に目を向けた誠意ある対応はなかったと言わざるを得ない。実は、事業者の計画撤回がなかったら、住民投票の要求も考えていた。現在の条例では、住民投票実施には議会の過半数賛成を要する。多数派の意に沿わないものは全て門前払いなのだ。このような悪弊を改め、住民投票が市民の最後の権利として認められて初めて、間接民主主義の欠点を補うことができる。これもこの度の教訓であり、今後の課題である。

3年にわたる運動の間には少なからぬ費用が必要だった。これらは運動参加者のカンパ、講演会等での参加者からの寄付に頼った。講師には講演料をご勘弁願い、十分な交通費もお渡しできなかった。恐縮しながらご厚意に甘え、感謝するよりほかなかった。しかし、市民運動は決してお金をかけなければできないものではなく、市民同士の信頼と熱意が何よりも支えとなると教えられた。

計画中止によって、清水の新しい街づくりの幕が上がった。6つの住民の会は解散したが、改めて「清水まちづくり市民の会」として、清水港をめぐる災害対策をはじめ、子どもたちの未来のために青い空と海、緑豊かな暮らしやすい街にしていくための運動を続けることになった。本書の出版はその最初の仕事である。今後の市民活動に活かされることを願っている。

年表

年月日		出来事
2015（平成27）年		
1月	7	ＬＮＧ火力発電所建設計画発表
	9	東燃ゼネラル㈱社長の訪問を受けた静岡市長は、「経済面から発電所計画に期待」と回答
	27	経済産業大臣、静岡県知事が東燃ゼネラル㈱「清水天然ガス発電所建設計画・計画段階環境配慮書」受理
	27	県知事から静岡市長に「配慮書」に対する意見を要請
2月	4	静岡県環境影響評価審査会が「計画段階環境配慮書」の第1回審査会
	5	市民有志（9人）による第1回相談会
	10	静岡市環境影響評価専門家会議が「配慮書」の第1回検討会
	25	静岡新聞「ひろば」に投稿「火発建設計画　災害など不安」（清水区 松永行子）
3月	4	静岡市議会で望月俊明議員が「地域経済への好影響がある」として期待を表明 市経済局長が、「災害時の電力確保や清水港周辺の産業集積にとって、大変重要な意味を持つ事業である」と回答
	9	静岡市議会で内田隆典議員が「市はこの発電所に前のめりになっているようであり、事業者任せでなく、市が独自に慎重に検討すべき」と発言
3月	10	「ＬＮＧ火力発電所建設を考える協議会」（略／考える協議会）発足（月2回定例会）
	30	県知事が「配慮書」意見を事業者に送付。環境と景観保全を要請
4月	10	環境大臣が「配慮書」意見を経産大臣に提出
	16	静岡新聞・時評「開発計画には市民の意見を」（東海大名誉教授・松田義弘）以後13回掲載
	24	経産大臣が「配慮書」意見を事業者に送付
5月	1	「清水の将来を考える会」（略／将来を考える会）発足（月2回定例会）
	22	江尻生涯学習交流館で小川進長崎大学教授が講演「ＬＮＧ火力発電は南海トラフ巨大地震などでは想定を超える二次災害がでる」と警鐘
6月	5	松田義弘氏を囲んで環境影響評価法について学習（第一部第五章）
	26	第1回火力発電所建設予定地見学
	26	学習会の開催（全21回開催）（第一部第二章三(1)）
7月	21	袖師連合自治会長を訪問し、学習会案内の各戸配布に協力を約束
	23	袖師自治会長と西久保自治会長を訪問。各戸配布は拒否されたが、回覧は了承
	25	袖師、横砂、西久保自治会に回覧用案内ビラを届ける

月	日	事項
8月	24	事業者が経産大臣、静岡県知事に「清水天然ガス発電所建設計画環境影響評価方法書」を送付。発電規模を２００万ｋｗから１７０万ｋｗに縮小
	24	政令都市として静岡市が環境影響評価審査会を設置、第1回審査会を開催（第二部第一章三）
	24	「ＬＮＧ発電所建設に反対する住民の会」（略／反対する住民の会）発足（月2回定例会）
9月	1	辻地区で事業者説明会。辻地区連合自治会長が経済活性化の観点から建設賛成を表明　参加者40名
	2	嶺（袖師）自治会で事業者説明会。以後、横砂自治会、西久保自治会、江尻自治会で開催
	9	清水マリナートで環境影響評価法に基づく事業者説明会。参加者１５０名（13日　静岡労政会館　参加者70名）
	24	県議会議長宛の陳情署名がスタート
	24	静岡市環境影響評価審査会、県環境影響評価審査会および審査会委員へ要望書提出
10月	2	市議会で内田隆典議員が「清水のまちづくりと相入れぬ。市民に丁寧な説明をするよう事業者に申し入れるべき」と発言
	2	市議会で栗田裕之議員が「$ＣＯ_2$の排出は極めて少ないので建設に賛成」と発言

月	日	事項
10月	2	市議会で西谷博子議員が「ＬＮＧ火発と清水中心市街地活性化計画は整合しない」と発言
	2	東燃ＬＮＧ基地訪問
	2	清水漁協、由比漁協が静岡県環境影響評価審査会に要望書提出
	31	「清水天然ガス発電合同会社」設立
11月	4	江尻地区で住民意向調査実施（第二部第二章六を参照）
	5	静岡県知事、静岡市長、県環境影響評価審査会、市環境影響評価審査会に「要望書」提出
	5	静岡市委託事業「清水天然ガス発電所設置に伴う経済波及効果等基礎調査業務中間報告書」（八千代エンジニアリング㈱）発表
12月	2	市議会で望月厚司議員が「地域経済に貢献するので、市として積極的に対応すべき」と発言
	3	市議会で西谷博子議員が「発電所建設のマイナス効果を調査しない市の方針は何故か」と質問
	3	市議会で松谷清議員が「$ＣＯ_2$発生量の2%が事業者の責任量であるということはおかしい」と発言
	4	市議会で内田隆典議員が「埋め立て造成された土地であり、耐震および液状化が懸念される」と発言

2016（平成28）

月	日	事項
1月	19	県知事が「南海トラフ巨大地震などの災害に対する安全を十分考慮すべき」と「方法書に関する意見」を経産大臣に提出
	25	経産省環境審査顧問会が「地上の大気濃度予測だけでなく、煙突よりも高い高層マンションの濃度も評価すべき」と意見
	26	市民有志が東電川崎火力発電所見学ツアー
2月	3	経産大臣が事業者に「窒素酸化物についてはより詳細な気象観測や大気質予測の検討を行うこと」と「方法書に対する勧告」を送付
	13	静岡新聞「ひろば」に投稿「国内最大級の火力発電計画に不安を感じる」（清水区 堀口洋一）「清水港、富士山の景観を守ってほしい」（清水区 松永克彦）
	22	静岡市環境影響評価条例施行
3月	1	市長宛てに51項目の公開質問状を提出（資料一(2)）
	1	市議会議長に宛て請願署名スタート
	3	市議会で鈴木節子議員が「事業者に任せず、市独自の調査・検討を求める」と発言、市危機管理統括監が「市が独自に実施する考えはない」と回答
	4	西谷博子議員が「市民生活、安全、景観、海況、生態系への影響が懸念され、配慮書、方法書の手続きが適切に行われているとは考えにくい」と発言
	29	署名活動スタート（第二部第二章五）
3月	30	公開質問状に対して市（経済局長名）から回答（資料一(3)）
	31	平成27年度静岡市産業政策課委託事業「清水天然ガス発電所設置に伴う経済波及効果等基礎調査業務報告書」（八千代エンジニアリング㈱）に基づいて、市は「地域の電力供給安定性が増し、また雇用、関連産業など地域経済への貢献がある」とした
4月	11	静岡新聞・清流に「公開質問状に対する静岡市の回答は素っ気なかった。経済波及効果を喧伝している。住民には本音で話してほしい」と論評
	13	「市による経済波及効果の調査結果について」土居英二静岡大名誉教授が講演
5月	5	「マークス・ザ・タワー清水・東燃ガス火力発電所建設に反対する住民の会」発足（略／マークスの会）
	10	市との対話「環境、安全について」10回実施
	27	静岡新聞「ひろば」に投稿「静岡の玄関口の景観大切に。火発計画は海洋文化都市と真逆」（駿河区 中村彰男）
6月	5	第1回反対デモ（以後11回実施）
	30	市議会で安竹信男議員が「清水のまちづくりへの東燃の挑戦状である」と発言
7月	1	JR清水駅前でビラ配布（全30数回実施、配布総数10万枚）

2016年

月	日	出来事
7月	6	第1回市議会議員アンケート実施
	13	第1回市民フォーラム（以降2回開催）
	14	「清水火力発電所から子どもをまもるｍａｍａの会」（略／ｍａｍａの会）発足
8月	4	「清水天然ガス発電所建設計画についての私たちの見解」作成（資料二）
	4	はーとぴあ清水で写真展スタート（第二部第二章四(4)）
	18	東燃ゼネラル石油（株）との対話集会　公開質問状を手渡す（資料一(1)）
	25	火力発電所計画縮小発表　発電設備２基（１１０万ｋｗ）
9月	20	県議会への陳情、６３７５名の署名と陳情書を提出
	20	「東燃清水天然ガス火力発電所についての７つの不都合な真実」を作成、配布（資料三）
10月	6	静岡市環境影響評価審査会会長に質問状送付
	17	火力発電所建設をやめさせる歌「まもれ愛しい清水」完成（第二部第二章九(8)）
	18	「清水ＬＮＧ火力発電所問題・連絡会」（略／合同連絡会）の立ち上げ（月２回開催）
	21	街宣車運行（月５回～６回）
	23	講演会「事業地直下の活断層」新妻信明静大名誉教授

月	日	出来事
10月	26	市長に再度の公開質問状（59項目）を手渡す（資料一(4)）
	29	辻地区で住民意向調査実施（第二部第二章六）
	31	事業者説明会　記者の取材は拒否　公開質問状には、ホームページで答えていると事業者の弁。しかし、ホームページには記載なし
11月	3	中日新聞コラム「発言」に「駅前発電所計画やめて。清水港１００年の大計を考え、後世の指弾を受けぬよう」（駿河区 中村彰男）
	8	浜田生涯学習交流館で写真展展示後、不許可
	17	田辺市長に「子どもたちの健康と将来」を直訴
	18	袖師自治会主催で東燃説明会。反対する市民を排除
	29	写真展拒否に対し、弁護士を通して再開を要請
	30	再度の公開質問状に対し市長から回答（資料一(4)）
	30	市議会で風間重樹議員が市独自の監視体制について質問。環境局長が「既設の観測地点で十分」と答弁
	30	第２回市議会議員アンケート（資料九(2)）
12月	10	「公開質問状に対する市長の回答は不誠実」と毎日新聞、朝日新聞
	14	静岡県環境影響評価審査会会長に「清水天然ガス発電所建設計画に関する要望」を提出

2017（平成29）

月	日	出来事
1月	5	県生活環境課と環境影響評価に対する県のかかわりについて対話
2月	2	「江尻共塾」開催（全8回）（第二部第二章三(2)）
	4	桜ケ丘病院、清水区役所の移転に関するタウンミーティングを市が主催（全8回）。火力発電所建設も一体として議論すべきとの意見続出
	6	インターネット署名開始
	9	静岡朝日テレビ「とびっきり！しずおか」で人口集中域での火力発電計画は世界で例がないと川口宗敏・静岡文化芸術大学名誉教授がコメント
	10	「清水駅東地区再検証プロジェクト会議」開催
	15	市議会へ市民5団体が請願書（6件）提出（第二部第二章五）
	17	県地域計画課、生活環境課と県の権限について話し合い
	19	日本共産党演説会（清水マリンターミナルビル）市田忠義副委員長が火発建設反対を語る
	23	東燃ゼネラル石油が千葉県市原市の石炭火力計画を断念
	26	「花と緑のコンサート」を開催（第二部第二章九(9)）

月	日	出来事
3月	9	市議会・議会運営委員会で6件の請願すべて不採択
	15	県港湾局と清水港管理者としての対応について話し合い
	19	駅前銀座でシール投票
	26	静岡市議会議員選挙　発電所建設に反対表明の7名全員当選
4月	1	東燃ゼネラル石油㈱はJXエネルギー㈱に吸収合併され解散、JXエネルギー㈱はJXTGエネルギー㈱に社名変更
	7	国土交通省、県副知事、ゲンティン香港日本支社へ手紙送付（資料十四(4)）
	12	県副知事とストックトン市長へ手紙送付（資料十四）
	16	シール投票実施（全4回実施）
	27	講演会　小野弁護士と語る会「激論!!どうする清水の火発」
5月	11	県知事・市長、市議会議長へ要望書を手渡す。副市長、議長と面談
	12	アメリカのクルーズ船6社、ゲンティン香港本社、日本支社へ手紙送付（資料十四）
	18	市（危機管理、消防、経済、産業政策、環境）と話し合い
	24	江尻自治会主催学習会　事業者は出席を拒否
	30	県知事選挙候補者にアンケート送付（資料十）
	30	第2回江尻自治会主催学習会　事業者は建設反対住民の参加を拒否

月	日	事項
6月	8	ゲンティン香港日本支社へ手紙送付
	13	市環境創造課と公聴会開催方法についての話し合い（全6回開催）（資料七）
	13	フェイスブックに「清水ＬＮＧ火力発電所問題連絡会」のページを開設。https://www.facebook.com/choyabLNG/
	28	ＪＸＴＧホールディングス株式会社株主総会に出席し、発電所建設に3名が抗議の発言
	29	市議会で望月賢一郎議員が「高層マンションに大気測定器を市が独自に設置する考えはないか」と質問
7月	6	事業者との初めての実質討論
	12	静岡新聞コラム「黒潮」で「事業者は市民に情報提供を、行政は市民に十分な情報のないまま事業を認めてはならない、そして市民は無関心であってはならない」と解説
	13	県知事が議会で火発計画反対の意思表示
	20	静岡県議会で小長井由雄議員の質問に対し、知事が発電所建設計画に反対と答弁
	23	「富士山静岡スタジアムを作る会」が静岡新聞に意見広告（第2回8月6日　第3回8月20日）（第二部第二章九(3)）
	25	「清水港に火力発電所反対」のマグネットステッカー完成
	31	県知事と面談。知事は改めて建設に反対の意向を表明

2

月	日	事項
8月	5	三保羽衣の松・船越公園でウメノキゴケ調査開始（第二部第二章八）
	8	市長が「まちづくりの観点から火発計画の見直しを」と記者会見
	22	静岡新聞「ひろば」に投稿「市長の決断は清水の将来に明るい展望をもたらす」（清水区　松永行子）
9月	18	朝日新聞コラム「ＶＯＩＣＥ声」に投稿「清水火発に自治会は中立であるというが、中立とは幅広い声に耳を傾けること」（清水区　松永行子）
	25	ＪＸＴＧへ計画の白紙撤回要望書を提出
	27	市議会で望月賢一郎議員が「市長の事業計画見直し要請は具体的に何を指すのか」と質問
	27	ＪＸＴＧ社長と準備会社社長へ要望書を提出
	28	市議会で松谷清議員がＬＮＧ火力発電とエネルギーの地産地消・まちづくりについて意見を述べ、市長の見解をただした
10月	4	末広町自治会が自治会員にアンケート実施し、建設反対意見は70％
	13	衆議院立候補者（静岡1区4人、4区3人）にアンケート実施（資料十一）
11月	2	ＪＸＴＧと懇談
12月	7	中澤通訓県議政策報告会「計画に反対の意向を表明」（参加者約１０００名）
	15	ウメノキゴケ調査報告会（塩坂邦雄氏）（資料八）

2018（平成30）		
1月	6	西久保地区住民意向調査実施
	26	JXTGに面談
	27	横砂地区住民意向調査実施
2月	6	大和町自治会が建設撤回要求を決議
	6	市議会に計画中止請願2件　2万5829名の署名提出
	21	市議会運営委員会で2件の請願どちらも不採択
	28	JXTG本社（東京）へ貸し切りバスで陳情ツアー（第二部第二章四(1)）
3月	5	県議会で天野進吾議員の質問に対し、県知事は「駅前の火力発電所はパステルカラーの水彩画に墨をかけるようなもの」と答弁
	6	市議会本会議で望月賢一郎議員が「市民団体が1102世帯の意向調査を行い、71％が建設反対意見であったことをどう受け止めるか」と質問、市長は「市民団体の熱意を感じ、まちづくりに活かしたい」と回答
	9	再度の公開質問状をJXTGエネルギー㈱社長に送付
	27	JXTGが「清水LNG火力発電所」建設計画中止発表
4月	13	講演会「明応地震津波と清水」（阿部郁男常葉大教授）（第二部第二章九(1)）
	21	「東燃火発を阻止した喜びの報告会」および懇親会「ステップUP清水」開催

7月	10	合同連絡会で「発電所建設計画撤回までの市民運動の記録」（仮称）を編集出版することを了承
8月	8	合同連絡会を「清水まちづくり市民の会」に改称（月1、2回開催）

注釈

（注1）環境影響評価法第30条
「対象事業を実施しないこととしたときは、方法書を送付した者にその旨を通知するとともに、その旨を公告しなければならない」

（注2）経済産業省・発電所に係る環境影響評価の手引き
「燃料中に有害大気汚染物質が含まれており、大気への放出により明らかに環境への影響が予想される場合には、環境影響評価項目としなければならない」

（注3）環境基本法第1条
「この法律は、環境の保全について、…国、地方公共団体、事業者及び国民の責務を明らかにするとともに、環境の保全に関する施策の基本となる事項を定めることにより、環境の保全に関する施策を総合的かつ計画的に推進し、もって現在及び将来の国民の健康で文化的な生活の確保に寄与するとともに人類の福祉に貢献することを目的とする」

（注4）環境影響評価法第1条
「…事業に係る環境の保全について適正な配慮がなされることを確保し、もって現在及び将来の国民の健康で文化的な生活の確保に資することを目的とする」

（注5）経済産業省令第27号第21条
「特定対象事業に係る環境影響評価の項目の選定は、…一般的な事業の内容と特定対象事業特性との相違を把握した上で、…環境要素に係る項目（参考項目）を勘案しつつ、選定を行う」

（注6）市民団体からの公開質問状に対する静岡市長の回答（2016・11・30）
「環境影響評価法における『環境の保全』とは、典型七公害および自然環境保全に係る五要素に生物多様性等を加えたものを指すと解しております。よって、地震、液状化等に対する安全対策は法の『環境保全』の範囲に含まれず…」

（注7）環境省関東地方環境事務所環境対策課環境影響評価担当官（2016・3・8）
「環境影響評価条例については、環境影響評価法の規定に反しない範囲において、各地方公共団体により検討が行われ、策定されたものである」

（注8）川崎市環境評価室（2016・8・30）
「アセス条例では、事前評価を含めた総合的、計画的な環

境保全対策が求められたことから、条例前文でも『環境』の範囲を典型7公害および自然環境のみならず、基準設定の難しい社会的、文化的環境まで捉えており、評価項目についても、住民を取り巻く日常的な環境要素を評価する対象と捉えた」

（注9）横浜市公害対策審議会（環境影響評価制度部会（1978）

「①規制法的なものにすると、各規制項目についての審査基準を定める必要があるので、審査対象が極めて狭い事項に限定され、かえって総合評価を目的とする環境影響評価制度の本来の意義を失うことになる。

②全国的に見て環境破壊がますます多様化・複雑化してきている。

③評価項目については、いわゆる典型7公害に加えて、自然環境・歴史的遺産や景観等の社会的・文化的環境等に係るものも含めて定めるとする」

（注10）計画段階配慮書手続に係る技術ガイド（環境省計画段階配慮技術手法に関する検討会　2013・3）

「配慮書手続は、事業の位置や規模等に関する複数案について環境影響の比較検討を行う」

（注11）土地基本法 第2条

「土地は、現在及び将来における国民のための限られた貴重な資源であること、国民の諸活動にとって不可欠の基盤であること、…等公共の利害に関係する特性を有していることに鑑み、土地については、公共の福祉を優先させるものとする」

（注12）環境影響評価法第3条

「国、地方公共団体、事業者及び国民は、事業の実施前における環境影響評価の重要性を深く認識して、……事業の実施による環境への負荷をできる限り回避し、又は低減することその他の環境の保全についての配慮が適正になされるようにそれぞれの立場で努めなければならない」

（注13）市民の声（2018・3・12）

質問　建設予定地は危険地区に指定しているが、審査会で議論するのか。

回答（市環境創造課）「安全性」は環境影響評価法の対象外である。

（注14）環境省関東地方環境事務所環境対策課（温暖化対策担当　2016・3・4）

「発電所主務省令において、火力発電所に係る二酸化炭素の調査、予測及び評価については、予測の基本的な手法として『施設の稼働に伴い発生する二酸化炭素の排出量の把握』としている。よって、環境影響評価手続きにおける図書に記載される二酸化炭素の排出量は、当該事業に係る施設からの二酸化炭素の排出量であるので、『配分前』に相当する」

（注15）市民の声（2017・5・23）
質問　直接大気測定を実施しなくても、シミュレーションで予測可能と発言がありましたが、どうして予測可能なのか教えてください。
回答（環境保全課）必ずしも現地で測定をしなくても、科学的な知見から予測できる可能性がある、と事業者は答えています。

（注16）静岡市環境影響評価条例第30条
「市長は、次条の規定による意見の作成に当たっては、準備書又は準備書見解書について環境の保全の見地からの意見を有する者から当該意見をきくため、前条第2項に規定する縦覧期間終了後、速やかに、公聴会を開催するものとする」

（注17）市民の声（2018・2・27）
質問　環境影響評価方法書に対する市長意見として、特に事業実施地区周辺の高層住宅に関して、……大気の調査、予測および評価に当たっては通常の検討とは別に、この高層住宅への影響も考慮し、評価した上で適切な環境保全措置を検討すること、と明記されています。しかし、高層住宅では大気の調査がされていません。
回答　具体的にどのような調査、予測、評価が行われるかについては、今後事業者から示される環境影響評価準備書手続きの中で、妥当性を確認していきます。

（注18）静岡市環境影響評価条例施行規則　第9章　静岡市環境影響評価審査会　4.
「審査会は、必要があると認めるときは、審査会の会議に関係者の出席を求め、その意見又は説明を聴くことができる」

参考文献

1・1・1　「清水天然ガス発電所（仮称）建設計画　計画段階環境配慮書」　東燃ゼネラル石油株式会社　225pp、2015
1・1・2　「清水天然ガス発電所（仮称）建設計画　環境影響評価方法書」　東燃ゼネラル石油株式会社　309pp、2015

1・2・1　石炭火力発電所に反対する清水市民協議会『みんなが主役で火力を止めた』　技術と人間　183pp、1993
1・4・1　八千代エンジニアリング株式会社「平成27年度　産業政策課　委託事業　清水天然ガス発電所（仮称）設置に伴う経済波及効果等基礎調査業務報告書」2016
1・4・2　リー・N・デービス著　LNG研究会訳『LNGの恐怖―凍れる炎』　亜紀書房　348pp　1981
1・5・1　市川陽一「大気拡散と環境アセスメント」龍谷理工ジャーナル　22(1)　30―38p　2010
2・1・1　D・H・メドウス、D・L・メドウス、J・ランダズ、W・W・ベアランズ三世著　大来佐武郎（監訳）『成長の限界』　ダイヤモンド社　203pp　2010
2・1・2　A・S・ガン、P・A・ヴェジリンド著　古谷圭一（編訳）『環境倫理　価値のはざまの技術者たち』　内田老鶴圃　166pp　1999
2・1・3　柴田徳衛、松田雄孝『公害から環境問題へ自然と人間の回復』　東海大学出版会　276pp　1976
2・2・1　宮本憲一『都市政策の思想と現実』　有斐閣　48pp、1991
2・2・2　新妻信明、光波測距による草薙断層と麻機断層の活動監視、静岡大学地球科学研究報告　28、2001、45～55
2・2・3　宇野木早苗『海の自然と災害』　成山堂書店　370pp、2012

編集後記

3年に及ぶLNG火力発電所建設反対の運動は、企業の断念によって幕を閉じた。この運動を振り返ってみると、多くの経験、失敗、成功があった。今回のような事業は今後も計画されるだろう。そのとき役立てるためにも、貴重な経験を何らかの形で残さねばならないと互いに話し合ってきた。その結果、LNG火力発電所の建設の何が問題で、その問題をどのような形で取り上げたか、そしてそれを市民と共に運動の力に変えてきたかを綴ってみることにした。

編集を通じ、これまで様々な視点から、取り組めることは何でも取り組んできたものだと改めて思う。一つ一つあらゆる角度から考え、できる人が中心となって一人から二人へ、そして三人へと協力し合うことで大きな力になっていった。これが運動を勝利へと導いたと確信している。多くの市民と知恵を出し合い、力を合わせることによって成立したこの運動の軌跡をたどったのが本書である。手に取った方々に理解していただき、その体験を共有していただけるなら、この上ない喜びである。

私たちの運動はLNG火力発電所建設に反対することではあったが、根源には、きれいで住みやすい清水の街を後世に残したいという強い思いがあった。私たちのまち、清水が存在し続ける限り、住みよく安全な「まちづくり」を願う市民の心の中に、「終わり」という文字は決してないということを記しておきたい。

市民運動は一日にして成らない。ゼロから出発して3年間つくり上げてきた集まりをここで解散してはならない。市民相互の連携のための拠点として継続しなくてはならない。運動に日々追われ、6つの会の3年間の記録、メモ、そして記憶は必ずしも完全でなかった。不十分な箇所、日付などのチェック、推敲には編集委員一同、十分な時間をかけたが、お気付きの点はご指摘いただきたい。

静岡新聞編集局（庄田達哉・出版部長）のお世話をいただいて本書の出版ができた。特に、出版部・牧田晴一氏には編集全般を通して、原稿の細部にわたる校正、レイアウト、そして貴重な助言をいただいた。

なお、本書の出版費用は、吉田修一・和美さんをはじめ、運動に参加、支援をいただいた皆さんからの拠金、合同連絡会の残金（一般市民のカンパ等）によった。この度の運動に寄せられた多くの方たちの力で本書は完成した。編集委員一同の喜びである。

編集委員会

松永行子　椺田民夫
川又　登　小長谷勝
駒澤利継　眞田宏幸
田島慶吾　牧田守男
松田義弘　望月國平

まもろう愛しのまちを

LNG火力発電所計画撤回の歩み

2020年5月31日 発行

編集・発行　清水まちづくり市民の会
〒424-0806 静岡市清水区辻5-2-27
TEL054-367-1317（松永行子）

制作・発売　静岡新聞社
〒422-8033 静岡市駿河区登呂3-1-1
TEL054-284-1666

印刷・製本　藤原印刷

ISBN978-4-7838-8007-3 C0036